KB176984

가볍게 읽는
시간
인문학

It's About Time
by Liz Evers

가볍게 읽는
시간 인문학

초판 1쇄 2017년 3월 27일 | 초판 2쇄 2018년 11월 8일

지은이 리즈 에버스 | 옮긴이 오숙은 | 디자인 마루한
펴낸이 최은숙 | 펴낸곳 엘로스톤

출판등록 2008년 3월 19일 제 396-2008-00030호
주소 (04053) 서울시 마포구 와우산로29라길 8 인촌빌딩 5층
전화 (02) 323-8851 팩스 (031) 911-4638
이메일 dyitte@gmail.com, 페이스북 Yellowstone2

이 도서의 국립중앙도서관 출판예정도서목록(CIP)은 서지정보유통지원시스템 홈페이지(http://
seoji.nl.go.kr)와 국가자료공동목록시스템(http://www.nl.go.kr/kolisnet)에서 이용하실 수 있습
니다.(CIP제어번호: CIP2017003214)

가볍게 읽는

시간
인문학

리즈 에버스 지음 | 오수원 옮김

우주 탄생에서
시간 여행까지
인류와 함께한
시간에 관한
모든 것

옐로스톤

몇 년 전 브라질의 인디언부에서는 깜짝 놀랄 만한 사진 몇 장을 공개했다. 브라질과 페루의 국경 근처 아마존 밀림에 사는 미접촉 부족 사람들이 찍힌 사진이었다. 비행기에서 찍은 이 사진에는 몸에 붉은색, 검정색으로 울긋불긋 칠을 한 사람들이 호기심이 가득한 눈길로 하늘을 가르는 금속 새를 쳐다보고 있었다.

그 사진을 보며 나는 과거로의 시간 여행을 하고 있는 듯한 기이한 느낌을 받았다. 과거와 현재 두 차원이 동시에 공존하는 듯한 느낌도 들었다. 사진 속의 그 사람들은 지금이 '21세기'라는 것을 모른다. 그 사람들에게 우리는 다른 시간, 어쩌면 다른 세계에서 온 이상한 생명체일 것이다.

아마존 밀림에서 이 '과거'가 얼마나 오래 지속될 수 있을지는 장담할 수 없다. 현대인들은 오래된 이 부족들이 살아온 땅을 계속해서 침범하고 있고, 때로는 발전이라는 이름으로 폭력을 행사하는 일도 마다하지 않기 때문이다.

이 사진들이 세상에 공개되고 몇 달 후, 또 다른 이야기를 알게 되었다. 이번에는 최근에 바깥세상과 접촉한 브라질의 아몬다와 족의 이야기였다. 아몬다와족은 1986년 인류학자들에 의해 세상에 그 존재가 처음 알려졌다. 이 사람들에게는 추상적인 시간 개념이 없다. 시간을 가리키는 단어나, 한 달 일 년 같은 시간을 구분하는 말도 없다. 이들은 나이를 말하는 대신 인생의 각 단계를 가리키는 이름을 쓰거나 그 공동체 안에서 저마다의 지위를 나타내는 이름을 쓴다. 이들에게는 '시간 테크놀로지'(달력이나 시계)가 존재하지 않으며 이들이 사용하는 수 체계도 매우 한정되어 있다.

문득 내 머리에 떠오른 건 이런 방식의 삶을 이해하는 일이 우리에게는 쉽지 않다는 것이었다. 그리고 우리 현대인들이 시간에 —특히 시간이 충분하지 않다는 것에—얼마나 집착하는지, 그리고 이런 집착을 찾아볼 수 없는 아몬다와족이 얼마나 독특한지 깨달았다. 아울러 시간에 관해서, 우리가 시간을 포착하고 만드는 방법에 관해서, 우리 지구와 우리 몸이 시간과 상호작용하는 방법에 관해서 내가 제대로 아는 게 별로 없다는 사실을 깨달았다.

우리는 저마다 나름의 심리적 시간—과거에 대한 기억, 미래에 대한 예상—속에 살고 있으며 이런 '시간대'는 우리의 현재, 우리의 지금과 공존한다. 그리고 우리는 시간을 주관적으로 경험한다. 병원 대기실에서 기다리는 한 시간은 길게 느껴지지만 좋은 친구들과 보내는 한 시간은 너무 짧은 것처럼 말이다.

이 책은 우리가 아는 시간의 탄생 시점으로 거슬러 올라가며 시작한다. 우주의 시작부터 출발해 우리의 선조들이 인식하고 다루었던 시간의 역사를 모으고 현대 과학의 관점에서 시간을 탐색한다. 시간은 다루기 어렵고 무거운 주제이지만 여기서는 즐거운 여행을 하는 마음으로 가볍고 쉽게 접근했다. 마치 한 권의 작은 시간 백과사전처럼 필요할 때마다 펼쳐볼 수 있도록 했다.

우리는 지질 시대를 여행하고, 먼 과거에 존재했던 우리의 먼 사촌들을 만나고, 해와 달을 이용해 시간을 알아보고, 일상생활의 리듬을 지시하는 우리 몸 안의 시계에 관해서도 들여다볼 것이다. 그리고 독수리 날개 뼈에 새겨진 가장 오래된 달력부터 양자 시계까지 시간 테크놀로지의 진화를 살펴볼 것이다. 또한 시간이 어떻게 점점 빨라지거나 느려지는지, 우주 여행과 관련해 웜홀과 블랙홀은 어떤 것인지, 광년은 얼마나 긴 시간인지, 평행 차원은 존재하는지 등등을 알아볼 것이다. 그리고 시간 여행을 꿈꾸는 사람들을 위해 과거와 미래로 여행할 때 꼭 알아야 할 팁과 요령을 곳곳에서 소개할 것이다.

그럼 이제 가벼운 마음으로 시간 여행을 떠나 보자.

차례

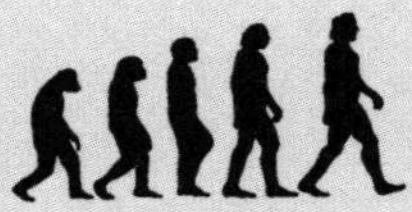

지구가 태어나다

 1654년, 북아일랜드 아마의 영국국교회 주교 제임스 어셔James Usher는 세상이 기원전 4004년 10월 22일 저녁 6시에 창조되었다고 선언했다. 그는 몇십 년 동안 성서와 세계사를 연구한 끝에 마침내 이런 최종 결론에 이르렀다. 지구의 나이에 관한 이론은 그 후로도 매우 계속 인기가 있었다. 그러나 19세기에 들어와서 지질학 연구가 이루어지고 다윈의 진화론이 등장하면서, 지구가 그보다 훨씬 더 오래되었다는 사실이 밝혀졌다.

오늘날은 지구의 나이가 45억 4,000만 살이라는 것이 광범위하게 받아들여지고 있다. 풀어쓰면 4,540,000,000살이다. 엄청나게 많은 나이다. 45억 4,000만이라는 이 숫자는 약간 복잡한 수학과 '방사성 연대측정법'—여기에는 방사성 탄소연대측정법과 칼륨-아르곤 연대측정법, 우라늄-납 연대측정법이 포함된다—을 이용해서 얻어낸 것이다.

방사성 연대측정법은 아주 간단히 말하면, 어떤 사물 속의 방사능 물질이 얼마나 붕괴했는지 알아보는 것이다. 다시 말해서 자연적으로 붕괴가 일어나는 방사성 화학 원소(동위원소)의 양과 그것이 붕괴되어 나온 산물을 비교하는 것이다. 예를 들어 우리는 방사성 원소인 우라늄이 붕괴하면 납이 된다는 것을 알고 있으므로, 암석 속에 남아 있는 납의 양을 알아보면 애초에 그 암석에 우라늄이 얼마나 있었을지 계산할 수 있고, 따라서 그만큼의 납이 생성되기까지 얼마나 오랜 시간이 걸렸는지 계산할 수 있다.

이 방법을 아주아주 오래된 암석과 광물—운석과 달 암석 표본을 포함한—에 적용한 결과 45억 4,000만이라는 마법의 숫자가 나왔고, 그것에 학자들이 동의한 것이다. 어쨌든 지금으로선 그렇다.

지구상의 물질 가운데 가장 오래되었다고 알려진 것은 서부 오스트레일리아에서 발견된 지르콘 수정이다. 이 수정은 44억여 년 전의 것으로 추정되고 있다. 한편 가장 오래된 운석은 45억 6,700만 년 전의 것이다. 학자들은 우리 태양계의 나이도 이 표본들보다 아주 많지는 않을 것이라고 믿고 있다.

이런 것들은 지구가 존재하기 전, 아니 지구를 품을 태양계가 존재하기 이전의 시간으로 우리를 데려간다. 우리 우주가 태어나던 바로 그 시간으로.

우주 탄생과 관련해 현재 널리 인정받는 이론은 빅뱅 이론이다. 우주가 고도로 응집된 뜨거운 상태에서 대 폭발을 일으켰고 즉 빅뱅을 시작했고 그 후로 우주는 계속해서 공간 속으로 확장하고 있으며, 공간 자체도 계속해서 확장하고 있다는 것이다.

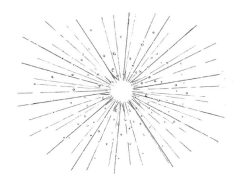

빅뱅은 135억 년 전과 137억 5,000만 년 전 사이에 시작된 것으로 알려져 있다.

지질 시대

 다시 지구로 돌아오자. 우리 지구의 과학자, 지질학자, 고생물학자들은 옛날 지구의 시간대와 사건들을 설명하기 위해 '지질' 연대표를 사용한다. 지질 연대표란 '층서학'을 통해 지질 시대를 시간적으로 구분해놓은 것이다.

지구의 오랜 역사에 대한 증언을 담고 있는 경이로운 암석층들은 세계 곳곳에 존재한다. 몇 개만 예를 들더라도 키프로스에 있는 백악층, 유타 주의 콜로라도 고원, 프랑스령 알프스 산맥 사면에 드러난 지층, 그리고 멕시코 라파스 근처의 경이로운 스트래티파이드 섬 등이 있다.

지질 시대를 이야기할 때 사용하는 단위들은 굉장히 긴 시간을 나타낸다. 그런 단위로는 이언(5억 년), 대(몇억 년), 기(몇천만 년), 세

			백만 년(단위)
		홀로세	10,000년
	신생대	플라이스토세	1.8
		마이오세	5.3
		올리고세	23
		에오세	33.9
		팔레오세	66
대멸종		백악기	145.5
	중생대	쥐라기	199.6
		트라이아스기	252
대멸종		페름기	299
		펜실베이니아기	318
		미시시피기	359.2
		데본기	416
	고생대	실루리아기	443
		오르도비스기	488
		캄브리아기	542
		원생대	25억 년
		시생대	
		45억 년 전 지구 형성기	

지질 연대표

(몇백만 년) 등이 있다.

지구의 나이가 45억 4,000만 년이라는 걸 그대로 받아들이면, 가장 오래된 것으로 알려진 광물인 지르콘 퇴적물은 크립틱 시대의 하데스 이언에 형성되었다는 얘기가 된다. 크립틱 시대는 달과 지구가 형성되었던 때를 말한다. 5억 년 전에서 6억 년 전 사이인 시시생대 말에 단순한 단세포 생물이 등장했다. 이 시대의 증거는 4밀리미터 이하, 종종 1밀리미터보다도 작아서 광현미경이나 전자현미경을 사용해야만 살펴볼 수 있는 미화석 속에서 발견된다.

아주 오래된 지구

 원생대로 훌쩍 내려와 지질학 증거들을 살펴보면, 우리 지구의 대기에 산소가 나타났고(구체적으로는 고시생대인 약 20억 500만 년 전에), 이어서 최초의 복잡한 단세포 생물인 원생 생물이 약 18억 년 전에 등장했다는 걸 알 수 있다.

　그 후 다시 12억 년이 지나 신원생대(약 6억 3,500만 년 전)에 들어와서야 비로소 다세포 동물(벌레, 해면, 젤리처럼 말랑말랑한 동물들)이 등장했다는 것을 화석으로 알 수 있고, 고생대(약 5억 4,100만 년 전에서 2억 5,500만 년 전 사이)에는 이 다세포 동물들이 물고기 같은 복잡한 동물들로 진화했다. 고생대가 끝날 무렵에는 판게아라고 불리는 땅덩어리가 형성되어 있었다. 판게아에는 지금의 북아메리카, 유럽, 아시아, 남아메리카, 아프리카, 남극, 오스트레일리아가 포함되어 있었다. 이 땅덩어리에는 다양한 파충류와 양서류들이 어슬렁거리고 있었는데, 기본적인 식물들, 이끼류와 원시 씨앗 식물들이 이미 자라고 있었으며, 얕은 산호초에서는 수많은 해양 생물들이 번성하고 있었다.

거기서 중생대로 들어가보자. 중생대 트라이아스기와 쥐라기, 백악기(약 2억 5,200만 년 전과 7,200만 년 전 사이)에는 공룡과 최초의 포유류들, 악어가 등장했다. 이어서 꽃을 피우는 식물들과 온갖 새로운 유형의 곤충들이 등장했다. 백악기 후기에 이르면 새로운 종의 공룡이 다수 등장했고(그러나 오래 살지는 못했다), 오늘날의 악어와 상어에 해당하는 동물들도 나타났다. 한편 시조새가 프테로사우루스의 뒤를 이어 나타났고 최초의 유대류가 등장했다. 아울러 대기 중의 이산화탄소는 우리가 사는 현재의 수준과 비슷해졌다.

여기를 넘어서면 우리가 사는 신생대로 들어오게 된다. 약 6,600만 년 전에 시작된 신생대는 종종 '포유류의 시대'라고 불린다. 신생대 초기에 공룡이 멸종했다. (그밖에도 많은 동물이 계속 멸종했다.) 포유류는 점점 다양해지고 있었지만, 우리의 진화적 조상인 최초의 유인원이 등장하기까지는 아직도 4,000만 년이 넘는 시간을 기다려야 했다.

해부학상 최초의 현생 인류가 등장한 것은 겨우 20만 년 전의 일이며, 우리가 뚝딱거리며 돌 도구를 만들기 시작한 것은 불과 5만 년 전에 들어서였다.

중요한 것은 지구는 아주 오래되었고, 그 위에 사는 우리는 아

공룡의 대멸종을 둘러싼 논란

약 6억 5,500만 년 전에 '백악기-제3기 대멸종'이라는 흥미로운 사건이 일어났다. 이 사건으로 공룡들이 대거 멸종했다는 것이 현재 널리 받아들여지고 있다.

그러나 그 대멸종의 실제 성격은 지금도 상당한 논쟁거리이다. 거대한 소행성이나 운석의 충돌로 대멸종이 일어났다는 이론부터 화산 활동의 증가로 생물권이 달라지고 지구에 닿는 햇빛의 양이 크게 줄어들었기 때문이라는 이론까지 다양하다.

원인이 무엇이었든 간에 그 사건은 뚜렷한 지질학적 흔적을 남겼고 이것이 백악기-제3기 경계층, 또는 K-T 경계층, K-Pg 경계층 등 다양한 이름으로 알려져 있다. 하늘을 날지 않는 공룡들은 이때 모두 절멸했는데, 경계층 아래 놓인 공룡들의 화석은 그 사건이 벌어지던 도중에 공룡들이 멸종했음을 말해준다. 경계층 위쪽에서도 공룡들의 화석이 더러 발견되었지만, 원래 그 화석이 있던 위치에서 침식되었다가 나중에 덮인 퇴적층 속에서 보존되었던 것으로 보인다. 콜로라도의 트리니다드 호수나 캐나다 앨버타의 드럼헬러 같은 황무지와 국립공원에서는 그런 경계층이 드러나 있는 부분을 볼 수 있다.

주 어리다는 것이다. 이 말을 원근법적으로 풀어본다면, 지구의 나이를 24시간으로 생각했을 때 최초의 인간은 자정을 불과 40초 앞둔 23시 59분 20초에 등장했다는 얘기다.

빙하기에 등장한 인류

 엄밀히 말하면 우리는 아직 빙하기에 살고 있다. 사실 빙하기의 맨 끄트머리에 살고 있는 셈이다. 이 빙하기는 260만 년 전에 시작되었고 가장 추운 시기는 약 1만 2,500만 년 전에 지나갔지만 아직도 빙하기가 다 끝난 것은 아니다. 그린 란드와 북극 지역에 있는 거대한 빙상은 빙하기가 계속되고 있음을 말해준다.

빙하기 이론을 처음 주장한 사람은 스위스의 지리학자이자 공학자인 피에르 마르텔Pierre Martel(1706~1767)이다. 그는 알프스 산맥의 샤모니 계곡을 방문했을 때 커다랗고 둥근 바위들이 흩어져 있는 모습을 보고 한때는 훨씬 컸던 빙하가 지금과 같이 수축했다고 생각했다. 그리고 이런 현상은 스위스, 스칸디나비아 등 다른 지역에서도 볼 수 있었고, 나중에는 칠레의 안데스 산맥에서도 목격되었다. 그러나 빙하기 이론이 사실로서 널리 받아들여지게 된 것은 1870년대에 들어와서였다.

빙하기에 대한 증거는 커다란 바윗돌들이 여기저기 불규칙하게 흩어져 있는 현상 외에도, 바위 표면이 깎이거나 할퀴고, 계곡이

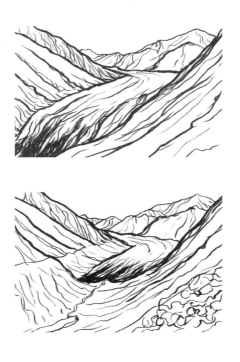

샤모니 계곡의 빙하 수축

깎여나가고, 드럼린이라는 작은 언덕이 생기고, 화석이 불규칙한 패턴으로 분포되어 있는 것 등에서 나타난다.

우리 지구의 역사에서는 적어도 5번의 빙하기가 있었다. 빙하기가 아니었던 시기의 지구에는 고위도의 지역에도 얼음이 없었던 것으로 보인다. 첫 번째 빙하기는 휴런 빙하기로 24억 년 전부터 21억 년 전까지 계속되었다고 추정한다(이때는 복잡한 단세포 생물이 등장하기 전이다). 그 다음에 찾아온 빙하기가 크리오게니아 빙하기로 8억 5,000만 년 전부터 6억 3,500만 년 전까지 이어졌다(이때는 다생포 생물이 진화하고 있었다). 비교적 짧은 안데스-사하라 빙하기가 4억 6,000만 년 전부터 4억 3,000만 년 전까지 있었고(이때 복잡한 해양 생물들이 진화하고 있었다), 그 다음 카루 빙하기는 3억 6,000만 년 전부터 2억 6,000만 년 전까지 이어졌다. 마지막으로 제4기라고 불리는 현재의 빙하기는 258만 년 전에 시작되어(최초의 호모 속 인간이 진화하기 몇십만 년 전이다) 지금까지 계속되고 있다.

우리는 지금 상대적으로 안정된 '간빙기'를 지나고 있는데, 간빙기의 기후 조건 덕택에 우리 인류가 번성할 수 있었다. 기후가 이처럼 안정되지 않았다면 우리는 지금 지구에 없었을지도 모른다.

다음 빙하기가 언제 본격적으로 시작될 것인가 하는 문제는 대기 중의 이산화탄소 수준에 달려 있다. 이산화탄소 수치가 갑자기 떨어지면 다음 빙하기가 닥칠 시기는 앞당겨질 것이며, 아마 이르면 1만 5,000년 후가 될 것이다. 그러나 현재 높아지고 있는 이산화탄소 수치(우리가 화석 연료를 많이 쓰기 때문에 그럴 가능성이 높다)를 고려해서 계산하면, 현재의 간빙기는 앞으로 5만 년 또는 그보다 아주 더 오래 지속될 것으로 예측된다.

인류의 진화

우리 자신과 우리가 사는 행성에 대해 지금 우리가 아는 사실 대부분이 아주 최근에 들어서야 밝혀진 것이라는 게 놀랍지 않은가. 앞에서도 말했지만, 빙하기라는 개념은 18세기 중반에 와서야 처음 제시되었고, 받아들여진 것은 1870년대에 들어서였다. 인간을 포함한 종의 '진화'와 자연선택이라는 개념은 19세기 중반 이후에야 알려지기 시작했으며, 1859년에 찰스 다윈Charles Darwin(1809~1892)이 《종의 기원On the Origin of Species》을 펴내면서 비로소 전면에 등장했다. 그러나 진화에 관한 다윈의 이론이 생명과학의 주요 흐름이 되고 완전히 통합되기까지는 그런 후에도 몇십 년의 시간이 더 걸렸다. 지구의 나이를 24시간으로 가정하고, 우리 행성의 자연사 속에서 이런 발견들을 그 24시간 속에 자리매김하기 위해서는 아주 세밀하게 분 초 단위로 시간을 쪼개어 생각해봐야 할 것이다.

1871년에 다윈이 그의 기념비적인 책《인간의 유래와 성 선택 The Descent of Man, and Selection in Relations to Sex》에서 인류 진화에 관한 이론을 설명하고, 그에 따라 대소동이 일어난 것이 불과 한 세기 반 전의 일이었다. 다윈은 그 책에서 인류는 하나의 공통 조상에서 진화했으며, 그 공통의 조상은 수천 년을 거치며 일련의 동물에서 진화했다고 주장했다. 그것은 당시 대다수의 사람들을 엄청난 충격과 공포로 몰아넣은 이론이었다.

그러나 면밀한 연구가 행해지면서 실질적인 증거들이 밝혀졌고, 다윈이 주장했던 많은 내용을 뒷받침하는 증거가 너무도 확실해서 그 이론을 부정할 수 없게 되었다. 그렇게 등장한 진화론은 이제 과학계에서는 사실로서 널리 받아들여지지만 여러 종교 집단에서 아직도 부정되고 있다. 앞에서 나왔던 아마의 주교 제임스 어셔(1581~1656) 같은 '창조론자'들은 오늘날까지도, 세계는 신에 의해 기원전 4004년경에 6일에 걸쳐 창조되었다고 믿고 있다.

오늘날 우리는 지질 연대표와 화석 기록에 관한 많은 지식 덕분에 지구에서 발달한 생명체들에 관한 근사한 초상화를 그릴 수 있다. 그리고 고고학, 고생물학, DNA 연구에서 이루어진 발견은 우리 종의 진화에 관해 더욱 생생한 그림을 제시한다. 앞에서도 보았듯이, 해부학적으로 우리와 똑같은 현생 인류가 처음 등장한 것은 겨우 20만 년 전의 일이다.

호 모 속

인간의 조상뻘 되는 영장류는 약 8,500만 년 전에 포유류에서 갈라져 나왔다고 보지만, 그러나 현재 우리가 가지고 있는 가장 오래된 영장류의 화석 기록은 약 5,500만 년 전의 것이다. 두 발로 걷는 최초의 이족보행 영장류는 우리와 조상이 같은 침팬지 등의 사촌뻘 영장류로부터 약 400만 년 전에서 600만 년 전에 갈라져 나와, 마침내 생물학적으로 다른 호모 속(屬)으로 진화했다. 호모 속의 진화에 관해선 아직까지 확실한 연대표가 없으며, 진화상에서 호모 속 사슬을 이루는 고리로 추정되는 후보들이 많다.

호모 하빌리스
(300만~200만 년 전)

지금까지 기록된 것 가운데 최초의 호모 속 성원인 호모 하빌리스Homo habilis는 약 230만 년 전에 남아프리카와 동아프리카에서 진화했다. 이들은 최초로 돌 도구를 사용한 종으로 여겨진다. 호모 하빌리스는 두뇌의 크기가 침팬지와 비슷하다. 2010년 5월에 새로운 종인 호모 가우텐게네시스Homo gautengenesis가 남아프리카에서 발견되어 호모 하빌리스보다 일찍 진화했을 가능성이 제기되었지만 아직 학자들 사이에서 의견 일치가 이루어지지 않고 있다.

호모 루돌펜시스와 호모 게오르기쿠스
(190만~160만 년 전)

약 190만 년 전과 160만 년 전에 화석으로 발견된 종을 가리키는데, 호모 하빌리스와의 관련성은 아직 분명히 밝혀지지는 않고 있다. 호모 루돌펜시스Homo rudolfensis 표본은 단 하나뿐으로, 그나마도 케냐에서 발견된 불완전한 두개골이 전부이다. 또 다른 호모 하빌리스라는 주장도 있고 새로운 종이라는 주장도 있다. 호모 게오르기쿠스Homo georgicus는 그루지야의 카프카스 지역에서 발견되었는데, 호모 하빌리스와 호모 에렉투스 사이의 중간 형태일 것으로 추정되고 있다.

호모 에렉투스
(180만~7만 년 전)

호모 에렉투스Homo erectus는 진화의 역사에서 아주 오랜 기간 동안 존속했다. 여러 기록으로 보아 이들 종은 약 180만 년 전부터 7만 년 전까지 살다가, 이른바 토바 재앙(인도네시아에서 있었던 슈퍼 화산 폭발을 말하는데, 중요한 호모 에렉투스 화석들은 인도네시아에서 많이 발견되었다)으로 대부분 멸종했을 가능성이 있다. 호모 하빌리스 가운데 일부가 더욱 큰 두뇌를 진화시켜 보다 세련된 돌도구를 사용하기 시작했고, 결국 새롭게 진보된 호모 에렉투스 종이 되었다고 받아들여진다. 그밖에도 호모 에렉투스에게는 마음대로 굽히고 고정할 수 있는 무릎이 진화하고 대후두공(척추가 들어가게 되어 있는 두개골의 구멍)의 위치가 달라지는 등 중요한 생리학적 변화가 일어났다.

호모 헤이델베르겐시스
(80만~30만 년 전)

호모 헤이델베르겐시스Homo heidelbergensis(하이델베르크 대학교 이름을 따서 '하이델베르크 인간'이라고도 한다)는 유럽의 호모 네안데르탈렌시스Homo neanderthalensis와 호모 사피엔스Homo sapiens의 직계 조상일 수 있다. 어쩌면 잃어버린 고리라고 해도 좋을 것이다. 이들 종의 화석으로 발견된 것 가운데 가장 온전한 것은 60만 년 전에서 40만 년 전 사이의 것이다. 그러나 실제 생존했던 기간은 80만 년 전부터 30만 년 전까지였을 것으로 추정된다.

호모 헤이델베르겐시스는 호모 에렉투스가 사용했던 것과 아주 비슷한 석기 기술을 사용했다. 최근에 스페인의 아타푸에르카에서 발견된 28점의 유골들은 이들 종이 이 호모 속 가운데서는 처음으로 시체를 매장했을 가능성을 시사하고 있다. 또한 호모 헤이델베르겐시스는 원시적 형태의 언어를 가지고 있었을 것으로 추측되지만, 이들 종과 관련이 있는 예술 형태(종종 상징적 사고 및 언어와 동등하게 여겨지는)는 아직까지 발견된 바 없다.

호모 사피엔스
(25만 년 전에서 20만 년 전부터 지금까지)

우리 종에게 가장 중요한 진화의 시기는 40만 년 전부터 25만 년 전까지의 기간이었다. 이때가 바로 호모 에렉투스에서 호모 사피엔스로 바뀌던 시기였다. 이 시기에, 우리는 두개골 크기가 커지면서 뇌도 더 커졌고, 사용하는 석기는 고도로 정교해졌다. 유전학적으로 말해서 호모 사피엔스는 단일 종으로서 차이를 거의 보이지 않고 매우 균질했다. 광범위하게 분포되어 있던 종이 이런 균질성을 보이는 것은 매우 보기 드문 경우이다. 이 같은 균질성은 우리가 특정한 한 장소(아프리카)에서 진화해서 여러 곳으로 이주했다는 증거로 받아들여지고 있다. 그러나 지역에 따라 피부색, 눈꺼풀, 코의 모양 등에서는 다른 특정한 적응적 특질을 진화시켜왔다.

네 안 네 르 탈 인

이 종이 처음 발견된 독일의 네안더 계곡의 이름이 붙은 네안데르탈인들은 호모 사피엔스의 아종으로 분류되거나, 또는 같은 호모 속 내의 다른 종으로 분류된다.

최초의 네안데르탈인들은 60만 년 전에서 35만 년 전 사이에 유럽에서 등장했던 것으로 여겨지며(네안데르탈인들이 아프리카에서 발견되었던 증거는 아직 없다), 약 25만 년 전까지 생존한 것으로 짐작하고 있다. 네안데르탈인은 눈썹 부분 뼈가 높고 턱이 약한 원시인으로 종종 묘사되곤 하는데, 실제로는 발달된 도구(던지는 뾰족한 촉, 뼈 도구)를 사용했으며, 언어를 가지고 있었고 복잡한 사회적 집단을 이루고 살았다. 네안데르탈인의 두개골 용적은 현생 인류와 똑같은 크기이거나, 더 컸던 것으로 생각된다―호모 속에서 두뇌와 관련해서는 크기가 매우 중요하다.

네안데르탈인들은 2만 5,000년 전쯤에 화석 기록에서 자취를 감추었는데, 그들에게 무슨 일이 있었는지에 관해서는 이론이 무성하다. 그러나 화산의 '슈퍼 폭발'이나, 급속한 기후 변화에 적응하지 못해 결국 멸종했을 거라는 가설을 예외로 하면, 네안데르탈인들이 겪었던 최악의 사건은 다름 아닌 우리였을지도 모른다. 네안데르탈인들은 계속 늘어나는 우리 인류와 경쟁하던 끝에 멸종으로 내몰렸을 가능성이 높다. 그러나 우리가 이종교배를 통해 네안데르탈인들을 흡수했음을 암시하는 증거들도 있다. 이런 주장은 특히 흥미로운데, 2010년에 밝혀진 DNA 염기서열이 이를 뒷받침한다. DNA 연구 결과 오늘날 유럽과 아시아의 비(非) 아프리카

호빗족

크기가 작아 '호빗'이라는 별명이 붙은 호모 플로레시엔시스Homo floresiensis는 10만 년 전부터 12만 년 전 인도네시아 플로레스 섬에서 살았던 것으로 보이며, 크기가 작아 '호빗'이라는 별명이 붙었다. 2003년에 이 섬에서 여성 유골 하나가 발견되었는데, 약 1만 8,000년 전의 것으로 추정되었다. 살아 있을 때 키가 1미터가 채 안 된 것으로 보였는데, 왜소증이 있었던 현생 인류였을 가능성도 있다. 어쨌거나 그 섬과 이웃한 섬들에는 1,400년 전까지도 키가 작은 피그미족들이 살고 있었다. 이 여성의 두개골은 특히나 크기가 작아서 뇌도 작았을 거라고 추측된다. 어쨌든 논쟁은 당분간 계속될 것 같다.

계 사람들은 네안데르탈인과 1~4퍼센트의 유전자를 공유하고 있다는 것을 보여주었다.

세 개 의 시 대

역사 이전의 선사시대는 흔히 석기시대, 청동기시대, 철기시대 등 세 시대로 나뉜다.

호모 하빌리스부터 호모 사피엔스까지, 호모 속의 모든 성원들은 크게 '석기시대'로 규정되는 시기에 존재했다. 석기시대는 약

300만 년 동안 지속되다가 기원전 4500년에서 2000년 사이에, 서로 다른 인류 집단 사이에서 서로 다른 시기에 금속 가공 기술이 등장하면서 비로소 막을 내렸다.

석기시대는 그 뒤를 이은 금속의 시대(청동기시대와 철기시대)에 비해 굉장히 길기 때문에, 다시 세 개의 시대로 나뉜다. 구석기시대(구석기시대는 다시 전기, 후기, 중기로 나뉘며, 불의 사용과 석기 사용으로 특징지어진다), 중석기시대(활과 카누를 포함하는 진보된 기술이 처음 사용되었다), 그리고 신석기시대(도기, 전반적인 가축화와 중요한

매장/종교 현장 건립)가 그것이다.

기나긴 석기시대에 비하면 청동기시대는 그야말로 눈 깜짝할 만큼 짧은 순간이었다. 구리와 청동 같은 금속을 제련하고 다듬어 무기, 가재도구, 장신구 등을 만들어내는 능력이 발달했던 청동기시대는 지구상에서 인간이 살던 대부분의 지역에서 거의 같은 시기에 시작되었다. 유럽과 근동, 인도, 중국 등지에서는 기원전 3750년에서 3000년 사이에, 그리고 나머지 지역에서는 그보다 늦게(예를 들어 한국에서는 기원전 800년에) 시작되었고, 기원전 1200년에서 600년 사이에 끝이 났다. 이 시기에 메소포타미아와 고대 이집트에서 문자가 발명되었다. 지금까지 알려진 가장 오래된 문자 텍스트는 기원전 2700년에서 2600년 사이의 것이다. 이 시기는

BC를 쓸 것인가, BCE를 쓸 것인가?

BC('그리스도 이전Before Christ'이라는 뜻)가 그리스도교적 의미를 담고 있기 때문에 요즘은 BCE('기원전Before Common Era')로 바꿔 쓰는 경우가 많다. AD('우리 주의 해에Anno Domini'를 뜻한다)는 점점 세속적인 의미의 CE('일반 기원Common Era')으로 대체되고 있다. 그러나 어느 방법을 택하든지 간에, '1년'의 기원은 변하지 않아, 예수가 탄생 해라고 정해진 해이다.

인류 역사에서 문명이 발전하기 시작한 때이기도 하다. 가장 눈에 띄는 것이 메소포타미아 지역이었는데, 수메르, 아카드, 바빌로니아, 아시리아 제국이 이곳에서 등장했다. 이 지역들은 모두 지금의 이라크에 있었다.

그 다음 이어지는 시대가 철기시대이다. 이 시기에는 철만이 아니라 강철까지 사용되었다. 철기시대는 고대 근동(아나톨리아, 키프로스, 이집트, 페르시아)에서 가장 일찍, 기원전 1300년경에 시작되었고, 그 후 유럽과 인도에서는 기원전 1200년경에 시작되었다. 그리고 나머지 중국(기원전 600년), 한국(기원전 400년), 일본(기원전 100년) 등 아시아 지역에서는 그보다 늦게 시작되었다. 철기시대는 서력기원에 들어와서도 계속되어 유럽에서는 400년경에 끝났고, 늦게는 일본에서 500년에 막을 내렸다. 이 시기에 나온 중요한 문헌으로는 인도의 여러 경전들, 히브리 성서(구약 성서), 그리고 고대 그리스의 초기 문학 등이 있다.

암석의 황야 그랜드캐니언 여행

경이로운 암석의 황야. 미국 애리조나 주에 있는 그랜드캐니언은 세계의 7대 불가사의 중 하나로 꼽힌다. 길이가 277마일이나 되는 협곡으로 떠나는 여행은 지구 지질학 역사 20억 년으로 떠나는 여행이기도 하다. 이곳은 웅장함을 자랑하는 층층이 쌓인 암석 기록들이 장려한 모습을 드러내고 있다. 완벽하게 보존된 동굴과 절벽 주거지 속으로 들어가보라. 시간을 거슬러 그 지역에 살던 고대 푸에블로족이 살던 기원전 1200년으로 들어가는 경험을 하게 될 것이다

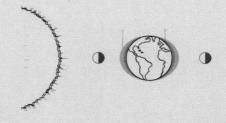

자연의 시계

 인간이 시간을 잰다는 관념을 만들어내기 오래전부터, 지구, 태양, 달, 별은 나름의 주기와 리듬을 따르고 있었다. 지구의 자전, 계절의 흐름, 태양과 달의 중력 효과, 나무와 식물의 성장 패턴 등은 모두 세계가 스스로 시간을 나타내는 복잡하고 자연적인 방식이며, 서로 긴밀하게 연관되어 있다.

태 양 과 달

지구가 자전축을 중심으로 날마다 자전하기 때문에, 태양은 동쪽에서 떠서 서쪽으로 지는 것처럼 보인다. 지구는 태양 주변의 궤도를 일 년에 한 번 도는데, 그에 따라서 세계의 계절이 나뉘고 태양 빛에서 양분을 만들어내는 모든 식물과 동물의 행동도 달라진다. 태양이 뜨고 지는 시간은 기본적으로 지구에서 우리가 있는 위치에 따라 서로 다르다. 적도를 중심으로 남쪽과 북쪽의 열대 지역에서 태양은 거의 변함없이 확실하게 오전 6시경에 떠서 오후 6시경에 지며, 따라서 낮 시간은 꼬박 12시간이 된다. 그러나 북극과 남극 지역에서는 낮의 길이가 크게 달라진다. 태양이 하루 종일 지지 않을 때가 있는가 하면 하루 종일 뜨지 않을 때도 있다.

달이 태양 빛을 받는 부분은 매일매일 달라지지만 지구에서 달을 볼 때는 늘 달의 똑같은 한 '면'만을 보게 되어 초승달과 반달 보름달 그믐달 등으로 바뀌는 것처럼 보인다. 달의 둥근 면 전체를 볼 수 있는 보름달이 다음 번에 다시 떠오르기까지는 약 29일 12시간의 걸리는데, 인간은 이 기간을 토대로 해서 한 달을 정했다. 그러나 나중에는 한 달의 길이를 태양을 기반으로 한 지금의 태양력에 맞추도록 조정했기 때문에, 오늘날 한 달은 평균 30.4일이다.

달과 지구의 거리가 가깝기 때문에(약 38만 킬로미터 거리) 달이 지구를 끌어당기는 인력이 상당히 크다. 이 때문에 지구의 바다에서는 조석 현상이 일어난다. '만조'는 달이 지구의 앞쪽을 지나면서 바다의 물을 끌어당겨 부풀어 오르게 만드는 것인데, 이런 일은 달을 마주보지 않는 반대편을 향한 바다에서도 일어난다. 지구

자체도 달에 의해 끌어당겨지면서, 달에서 먼 쪽에서 바닷물이 또한 번 부풀어 올라 두 번째 만조가 일어난다. 그래서 지구가 자전하는 동안 해안 지역에서는 하루에 두 번의 만조가 일어난다.

태양은 지구에서 더 멀리 떨어져 있기 때문에 태양의 중력이 지구에 미치는 영향은 그보다 덜하다. 그러나 태양과 달이 지구와 일직선상에 있을 때, 두 개의 중력이 합쳐져서 물이 가장 많이 부풀어 오르는 '한사리'가 일어난다. 한사리는 14일에 한 번씩 일어난다. 지구가 한 바퀴 자전하는 동안 달이 지구 궤도상에서 움직이기까지 24시간보다 조금 더 걸리기 때문에, 만조 사이의 시간은 약 12시간 25분이 된다.

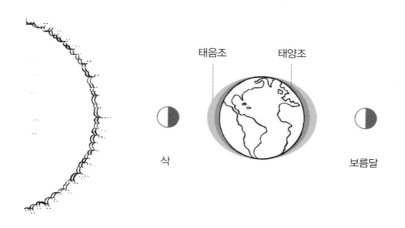

태음조   태양조

삭   보름달

한사리 때에는 평균 만조보다 바닷물 높이가 더 높고 조류가 더 세다.

그러나 달이 바다에 미치는 영향은 비단 조수만이 아니다. 달은 바닷속에 사는 생물들에게도 영향을 미친다. 굴은 달의 중력장에 반응해 껍데기를 열었다 닫았다 한다. 그리고 달이 보이지 않는 삭일 때에는 낚시하기 가장 좋은 때로 꼽힌다. 이때에는 달이 지구와 태양 사이를 지나가기 때문에 지구에서는 완전히 보이지 않거나 아주 가느다란 초승달이 된다.

아주 드문 블루문

한 달에 두 번째로 나타나는 보름달을 '블루문'이라고 한다. 아주 드물게 대략 5년쯤에 한 번 정도 블루문이 나타난다. 한 달이 31일일 때 보름달이 월초에 떴다면, 그 달의 마지막 날에 두 번째 보름달인 블루문이 나타날 수 있다.

블루문은 문자 그대로 푸른색 달을 말하기도 한다. 대기오염이 심할 때나, 화산이나 화재로 인한 먼지가 공기 중에 가득할 때에 우리 눈에 비치는 달의 색깔이 푸르스름하게 보이는 걸 블루문이라고 부르기도 한다.

나 이 테

해마다 나무는 여름 동안 왕성하게 자라고 추운 겨울이면 성장을 멈춘다. 그러면서 나무는 해마다 새로운 나이테를 만든다. 나이테가 가늘다면 그 한 해 동안 많이 자라지 않았고, 반대로 나이테가 두껍다면 그 한 해 동안 많이 자랐다는 뜻이다. 나이테는 그 나무가 몇 살인지 알게 해주며, 특정 몇 년 동안의 날씨 상황을 짐작하는 데 도움을 준다.

살아 있는 나무 가운데 가장 오래된 나무는 '메두셀라(구약성서 속 등장인물 중 가장 오래 산 인물이 므두셀라이다)라는 그럴듯한 이름을 가지고 있다. 이 나무는 미국 캘리포니아 주 인요 카운티에 있는 그레이트 베이슨 브리슬콘 소나무인데, 2013년에 추정한 이 나무의 나이는 4,845살에서 4,846살이었다. 그러나 레바논의 바트룬 구에 있는 '시스터스'라는 이름의 올리브나무가 그보다 더 오래 살았다는 주장도 있는데, 이 나무의 나이는 6,000살에서 6,800살 사이라고 한다.

스리랑카 아누라다푸라에 있는 신성한 무화과나무인 '보디'는 기원전 288년에 심어졌으며, 인간이 키운 나무 중에서는 가장 오랫동안 살아 있다. 붓다가 깨달음을 얻은 장소가 바로 이 나무 아래였다는 전설이 있다.

메두셀라, 세계에서 가장 오래 살았다고 알려진 나무

태양 숭배와 시간

 ## 절 기

우리가 아는 대부분의 고대 종교에서 태양은 신으로 등장한다. 우리의 신석기시대 조상들은 중요한 천문학적 사건들을 기념하기 위해 거대한 기념비를 지어 태양신께 바쳤다. 고대 이집트인들은 태양을 인격화해, 하늘, 땅, 지하세계의 지배자인 '라' 또는 '호루스'라는 이름을 붙였다. 아스텍인들에게는 태양신이자 천체의 지배자인 토나티우가 있었다. 이 신은 세계가 돌아가도록 힘쓰는 대가로 사람을 제물로 바치는 피의 의식을 요구했다. 고대 그리스인들에게는 빛나는 광륜 즉 할로를 머리에 쓴 잘생긴 신인 헬리오스가 있었는데, 이 신은 날마다 태양의 전차를 몰고 세계의 둘레를 돌았다.

태양을 숭배하던 인류의 조상들에게는 일 년에 중요한 날이 네 번 있었다. 춘분(3월 20일 또는 21일), 하지(6월 20일 또는 21일), 추분(9월 22일 또는 23일), 동지(12월 21일 또는 22일)이다. 유럽에서 매우 귀중하게 여기는 신석기시대 기념물인 영국의 스톤헨지와 아일랜드의 뉴그레인지 고분은 각각 하지와 동지 때 상징적인 방식으로 태양 빛과의 교신을 위해 세워진 것이다. 일 년 중 낮이 가장 긴 날인 하지에는 하늘에서 태양의 남중고도가 가장 높고, 동지는 낮

헬리오스, 태양을 의인화한 그리스 신화의 신

이 가장 짧은 날로 태양의 남중고도가 가장 낮다. 춘분과 추분 때에는 태양의 중심이 적도와 같은 면에 있어 밤낮의 길이가 같다.

지구상의 많은 곳에서는 밤이 가장 긴 동짓날을 새로운 시작, 작은 설 등의 의미로 예전부터 기념해왔다. 크리스마스가 동지와 가까운 날에 있는 것은 결코 우연이 아니다. 사실 크리스마스는 옛날부터 있었던 이교도의 축제에 맞추어 의도적으로 정한 것이었다. 부활절(춘분)도 마찬가지라고 할 수 있다. 그렇기 때문에 두 날을 기념하는 풍습에는 그리스도교 전통과 이교도 전통이 기이하게 섞여 있다.

계 절

서구 세계에 사는 사람들은 일 년을 봄, 여름, 가을, 겨울 등 뚜렷한 사계절로 나눈다. 사계절은 기후 변화에 따라 바뀌며 간편하게 춘분, 하지, 추분, 동지 등의 절기로 대표되는데, 식물과 동물의 습성도 사계절의 변화와 관계가 있다.

그러나 지리적 위치에 따라 계절이 독특하게 구분되기도 한다. 예를 들어 인도에서는 혹서기, 우기, 가을, 겨울, 늦은 겨울, 봄 등 6개의 계절이 있다. 아프리카의 많은 지역에서는 건기와 우기 두 계절밖에 없다. 고대 이집트인들은 홍수기, 겨울, 여름 등의 세 계절로 나누었다. 그리고 고대 그리스인들에게는 오랫동안 봄, 여름, 겨울만 있었을 뿐 가을은 따로 없었다. 이보다 혹독한 기후 조건이 펼쳐지는 아이슬란드와 스칸디나비아 지역에 살던 게르만족들에게는 여름과 겨울 등 두 계절밖에 없었는데 로마인과 접촉하면서 봄과 가을이라는 단어와 개념이 도입되었다.

서구의 여러 나라에서는 각 계절이 3월(봄), 6월(여름), 9월(가을), 12월(겨울)에 시작된다는 데 대체로 동의하고 있다. 그러나 아일랜드에서는 고대부터 내려오는 민족의 축제일에 따라 각 계절이 그보다 한 달 앞서 시작된다. 가장 유명한 축제는 5월 1일 벨테인 축제와 11월 1일의 삼하인 축제이다. 아일랜드의 비 그리스도교인들은 지금도 이 두 날을 근사하게 기념한다.

콤푸투스

콤푸투스는 중세 시대 이후 로마 가톨릭 교회가 사용했던 부활절 날짜 계산법이다. 원칙적으로 부활절은 춘분(3월 21일) 다음에 오는 첫 번째 보름이 지난 일요일이다. 이 계산법에 따라 나올 수 있는 가장 빠른 부활절은 3월 22일이고, 가장 늦은 부활절은 4월 25일이다.

달과 날의 주기

 ## 달

앞에서 말한 것처럼, '달'(月)이라는 시간 구분은 원래 달의 주기를
따른 것으로, 보름달과 다음 보름달 사이의 29.5일이 한 달이었다.
29.5라는 숫자가 불편해지자 비로소 한 '해'(年)라는 개념이 등장했
다. 지구가 태양 주변을 도는 데 걸리는 시간(365.25일)과 29.5일이
맞아떨어지지 않았기 때문이다. 따라서 달마다 어느 정도 여분의
시간을 더하고 빼서 한 해에 열두 달을 만드는 가장 쉬운 방법을
택해야 했다.

우리가 지금 사용하는 열두 달의 이름은 고대 로마인들에게서
비롯된 것으로, 두 개의 달 이름을 제외하고는 모두 기원전 8세기

에 생겨났다. 당시에 새해는 3월에 시작되었는데, 처음 몇 달의 이름에는 신의 이름이 들어갔다. 예를 들어 마르스Mars(전쟁의 신, 지금의 3월), 아프릴리스Aprilis(사랑의 신, 4월), 마이아Maia(성장의 신, 5월), 유노Juno(주피터의 아내, 지금의 6월) 등이 그렇다. 그러다가 달력을 만든 사람들이 한 해의 뒤쪽에 있는 달에 대해서는 이런 관습을 바꾸기로 해 숫자를 가리키는 이름을 붙였다. 그래서 최초의 로마력에서 마지막 넉 달의 이름은 각각 셉템Septem(7), 옥토Octo(8), 노벰Novem(9), 데켐Decem(10)이 되었다. 이런 달의 이름들은 지금도 쓰이고 있지만 그 숫자가 가리키는 달이 옮겨져 원래의 의미는 잃어

야누스. 시작, 과도기, 문간의 신으로 통하던 고대 로마의 신

버렸다(예를 들어 지금의 셉템버September는 7월이 아니라 9월이다).

1월과 2월은 조금 나중에 한 해의 끝에 덧붙여졌는데, 처음에 로마인들은 겨울에 대해서는 달을 따로 나누지 않았기 때문이다. 1월은 야누스Janus(문간의 신)의 달, 2월은 '정화'의 의미를 담아 옛 음력 로마력의 제의와 관련된 '페브룸februum'의 달이 되었다. 1월이 한 해의 첫 번째 달이 된 것은 기원전 5세기에 들어서였다.

7월과 8월의 이름은 더욱 나중에야 등장했다. 기원전 1세기에 카이사르는 율리우스력을 시행했는데, 7월July은 이런 율리우스 카이사르Julius Caesar를 기리기 위한 달이었다. 8월August은 카이사르의 뒤를 이은 아우구스투스Augustus의 이름을 딴 것이다.

날

'하루'라는 시간 단위는 지구가 자전축을 중심으로 한 바퀴 자전하는 데 걸린 시간(약 86,400초 즉 24시간)을 나타낸다. 세계의 공식적인 '역일(曆日)' 즉 하루는 자정부터 자정까지를 말한다. 역일은 국제적인 시간대와 협정세계시(전 세계인들이 시계를 맞출 때 쓰는 표준 시간)를 결정하는 데 사용된다.

그러나 우리가 이 근사한 시간 셈법을 사용하기 전까지, 하루는 일몰부터 일몰 사이의 시간(고대 그리스와 바빌로니아), 또는 일출부터 일출 사이의 시간(고대 이집트)으로 정해져 있었다. 유대교와 이슬람교 전통에서는 지금도 일몰부터 일몰까지가 하루이다.

행성마다 다른 하루의 길이

우리 지구의 하루는 24시간이지만, 이웃 행성인 금성에서 하루는 훨씬 길어 낮의 길이가 116.75일이나 된다. 화성의 하루는 지구의 하루보다 약간 더 길어서 자전하는 데 25시간이 걸리는 반면, 나머지 큰 행성들은 더 빨리 자전한다. 토성과 목성의 하루는 겨우 10시간이며, 천왕성은 18시간, 해왕성은 19시간이다.

일주일의 등장

 7개의 하루를 묶어서 일주일로 만드는 것은 고대 바빌로니아인들과 초기 유대 문명에서 시작되어 로마를 거쳐 내려온 또 하나의 유산이다. 일주일을 이루는 각 하루의 이름은 7개의 '고전시대 행성'에서 따온 것이다. 고전시대 행성이란 옛날 천문학자들이 눈으로 볼 수 있었던 행성들을 말한다. 이것은 태양Sun(일요일), 달Moon(월요일)과 나머지 행성들인 수성Mercury(수요일), 금성Venus(금요일), 화성Mars(화요일), 목성Jupiter(목요일), 토성Saturn(토요일) 등이다.

7일짜리 일주일은 행성과 관계가 있지만, 또 한편으로는 일곱 번째 날에 종교적인 의미를 부여했던 바빌로니아 전통 및 유대 전통과도 관계가 있었다. 구약성서에서 일곱 번째 날은 신이 6일 동안 지구를 창조한 뒤 휴식을 취한 날이었으므로, 유대교도들은 7일째마다 쉬는 안식일을 기념하기 시작했다. 바빌로니아인들은 음력 주기 즉 '태음월'에서 4분의 1을 차지하는 초승달이 뜨는 기간과 일치시키기 위해 매달의 7번째 날을 기념했다(초승달이 뜨는 시간이 약간 차이가 있어서 머지않아 시간 맞추기가 힘들어졌지만 7일짜리 일주일은 계속 남았다). 한편 고대 중국인들과 이집트인들은 물론이고 페루인들도 10일짜리 일주일을 세었다. 마야인들과 아스텍인들에게는 일주일이 13일이었다.

시대를 거치면서, 7일짜리 일주일 체계를 바꿔보려고 시도했던 경우가 여러 차례 있었다. 1929년부터 1940년까지 소련은 5일짜리 일주일을 채택한 적이 있고 1793년 혁명기 프랑스에서는 10진법을 바탕으로 한 전혀 새로운 달력 체계가 잠시 도입한 적이 있다. 이 체계에서는 각각 새로운 이름이 붙은 10개의 요일이 모여 일주일이 되었다(이에 관해서는 나중에 자세히 소개하겠다).

영어에서 일주일의 각 요일을 가리키는 이름은 고대 스칸디나비아 신과 앵글로색슨 신, 로마 신들의 이름을 딴 것이다. 이를 통해 영국 역사에서 다양한 민족들이 영국을 정복하고 지배했음을 알 수 있다. 고대 스칸디나비아 즉 북유럽의 신들은 대개 로마의 신들과 비슷했다(아래 참조). 그러나 유럽 본토(프랑스, 스페인, 이탈리아 등)에서는 요일의 이름으로 로마 신/행성 이름들이 그대로 유지되었다.

요일	신	로마 신
월요일Monday	달	루나(달)
화요일Tuesday	티르Tyr(고대 영어에서는 티우Tiw) - 북유럽에서 법, 정의, 하늘, 전쟁의 신. 손이 하나인 신으로 묘사된다.	마르스Mars - 전쟁과 군사의 신
수요일Wednesday	보단Woden(북유럽의 신 오딘에 해당하는 앵글로색슨의 신) - 전쟁과 승리의 신, 시인, 음악가, 점쟁이의 신이기도 하다.	메르쿠리우스Mercurius - 날개를 달고 샌들을 신은 전령. 무역, 상인, 여행의 신이기도 하다. 시와 음악과도 관련이 있다.
목요일Thursday	토르Thor - 북유럽에서 천둥, 번개, 폭풍, 오크 나무, 힘의 신이다. 커다란 망치로 유명하다.	요베Jove - 유피테르Jupiter라고도 한다. 신 중의 왕이자 하늘과 천둥의 신이기도 한다.
금요일Friday	프리게Frige - 앵글로색슨의 여신으로, 별로 알려진 것이 없지만, 성(性)과 비옥함과 연관된 것으로 여겨진다.	베누스Venus - 사랑, 성, 비옥함의 여신으로 그리스 신화의 아프로디테에 해당한다.
토요일Saturday	사투르누스Saturnus - 로마에서 부, 농업, 해방의 신이며, 토성의 신이라기보다는 시간의 신이다.	사투르누스
일요일Sunday	태양Sun	솔Sol(태양)

달력

 ## 태 양 과 달

시대를 거치면서 여러 문화에서 나름의 달력을 고안하고 다양한 절기와 측정법을 사용했다. 그렇지만, 크게 보면 모두 태음력과 태양력의 두 가지 범주로 나눌 수 있다.

달이 지구 궤도를 도는 주기는 29.53일이다. 태음력에서 달이 열두 번의 궤도를 다 돌기까지, 즉 열두 번의 '삭망월'이 지날 때까지의 1년은 354.36일이며, 지구가 태양을 도는 궤도를 바탕으로 한 태양력에서 1년은 365.25일이다. 보름달은 매달 어김없이 주기적으로 하늘에 뜨므로 해보다는 달이 훨씬 알기 쉬운 표지였다. 따라서 1년 단위 셈을 하기 전까지 태음력이 오랫동안 사용되었다.

뼈 에 새 긴 눈 금

일부 학자들이 가장 오래된 실제 달력이라고 여기는 유물이 프랑스의 도르도뉴 계곡의 한 동굴에서 발견되었다. 무려 3만 년 전의 것으로 추정되는 이 달력은 독수리 날개뼈의 한 조각으로, 작은 눈금들이 새겨져 있다. 이 눈금들은 14나 15개씩 묶여서 29개 또는 30개의 줄을 이루고 있다.

독수리의 뼈, 도르도뉴의 아브리 블랑샤르 동굴에서 발견되었다.

이것이 과연 구석기시대 태음력일까? 일부 고고학자들은 이 뼈는 여성들이 생리 주기를 기록해서 임신 가능성을 알아보기 위해 사용했던 것일 수 있다고 주장하고 있다(그러나 생리 주기는 28일이므로 한 달보다 조금 짧다). 흥미로운 생각이다. 어쩌면 이 유물은 달력이면서 동시에 일종의 피임 도구였을 수도 있다. 물론 둘 다 아닐 수도 있지만…….

우크라이나의 키예프 서부에서는 4번 주기의 태음월을 가리키는 눈금이 새겨진 2만 년 전의 매머드 뼈가 발견되었다. 이 눈금은 한 '계절'이라고 해석되고 있다.

시 간 표 지 유 적

스톤헨지와 뉴그레인지에 있는 신석기시대 구조물들은 시간을 구분하고 알아내는 달력의 기능을 한 것으로 여겨진다―특히 일 년 중 하지와 동지의 정확한 때를 알기 위한 것으로 보인다. 영국 제도에도 일 년 중의 때를 표시하는 역할을 했던 비슷한 현장이 있는데, 스코틀랜드 오크니 섬의 매쇼, 잉글랜드 북부 캐즈윅 근처에 있는 캐슬리그 등이 그것이다. 이런 구조물은 유럽에만 있는 것이 아니다. 중국 산시성(山西省)의 타오쓰 유적에도 동지를 알아내는 천문대가 있으며, 이집트에 있는 하트셉수트 왕비 신전은 동지의 태양을 맞이하기 위해 설계되었다.

고대 이집트에서 중요하게 사용되었던 또 하나의 연중 시간 표시 장치는 나일 강이었다. 나일 강은 매년 거의 똑같은 시기(춘분이 가까운 6월 중순)에 범람했기 때문에, '새해'를 표시하는 데 사용되었다. 범람의 시기는 한 해를 나누는 세 계절 중 하나로 여겨졌다. 나머지 계절은 성장과 수확의 계절이었다. 그리고 범람에서 범람까지 한 해는 360일이라는 것이 곧이어 계산되었고, 한 해는 30일짜리 열두 달로 다시 나뉘었다. 이집트 천문학자들은 또한 범람의 시기가 하늘에서 가장 밝은 별, 즉 '개 별'로도 알려진 시리우스가 해 뜨기 직전 새벽하늘에 떠오르는 날과 거의 일치한다는 사실을 주목했다. 이집트인들은 이 별을 표지로 사용해 이제 일년의 365일을 세기 시작했다. 그 결과로 만들어진 달력이 사제들과 통치자들이 사용하는 이집트의 '공식' 달력이 되었다.

하트셉수트의 사원, 나일 강의 서쪽 제방에 있다.

율 리 우 스 력

가이우스 율리우스 카이사르Gaius Julius Caesar는 이집트인들이 가진 '공식' 달력이 매우 편리하고 쓸모가 많다는 것을 눈여겨보고 기원전 1세기 중반에 로마 제국을 위한 달력을 채택하기로 결정했다.

로마인들은 꽤 오래전부터 해와 달을 셈하고 있었다. 그것이 전설적인 로물루스(로물루스와 레무스 형제 중)가 로마 시를 건립한 기원전 735년부터였다. 앞에서 말한 대로, 최초의 로마 달력에는 일년에 열 달밖에 없었다. 그러다가 기원전 700년경 한 해의 마지막에 다시 두 달, 1월Januarius과 2월Februarius이 덧붙여졌다.

이 오래된 달력을 태양년(365.25일)에 일치시키기 위해서 카이사르는 수학자들과 철학자들을 시켜 가장 논리적인 체계를 찾도록 했다. 이들의 노력을 통해 12월 25일을 동지(12월 21일이나 22일이 아니었다. 그리고 나중에 이 날은 크리스마스로 흡수되었다)로 삼는 율리우스력이 탄생했지만, 이렇게 나온 새 달력은 태양년보다 두 달이 뒤처져 있었다. 그래서 새 달력이 생긴 첫 해에는 균형을 맞추기 위해 두 달을 추가했다. 이 한 해는 '혼란의 해'로 알려지게 되었다. 이런 혼란에 더해, 카이사르는 한 해는 3월이 아닌 1월부터 시작될 것이라고 선포했다.

눈물의 홍수

고대 이집트인들은 해마다 나일 강에 홍수가 나서 범람하는 것은 이시스 여신이 죽은 남편인 오시리스를 위해 흘린 눈물 때문이라고 믿었다.

오늘날 이집트에서는 여전히 범람을 기념하고 있는데, 매년 8월 15일부터 2주 동안은 와파 엘-닐Wafaa El-Nil이라는 공휴일이다. 콥트 교회에서는 에스바 알-샤히드Esba al-shahid('순교자의 손가락')라는 행사를 통해 나일 강에 순교자의 유골을 던짐으로써 범람을 기념한다.

이 달력은 처음에는 골치 아픈 많은 문제를 일으켰지만 곧 유럽 전역에서 채택되었다. 그리고 오늘날의 '그레고리우스력'의 기본이 되었다. 율리우스력은 일 년이 열두 달이었으며 4년마다 윤년이 있었다(오늘날과 마찬가지로 2월에 29일을 만들어 넣었다).

신 의 7 번 째 날

서기 4세기 초반 콘스탄티누스 대제가 로마 제국의 황제가 되었을 때, 그는 무너져가는 제국을 통일하기 위한 방편으로 그리스도교를 채택하기로 했다. 이 계획의 일부로서 그는 7일짜리 일주일을 다시 고안했다. 성서에서는 신이 지구를 만들 때, 일곱째 날에

쉬었다고 되어 있다. 그래서 콘스탄티누스 대제는 토요일(사투르누스의 날) 대신 일요일을 '공식' 휴일로 해야 한다고 공포했다. 이 결정은 당시 사람들의 생활방식을 근본적으로 바꿔야 한다는 걸 뜻했다. 일부 문화에서는 이 변화를 채택하지 않아 지금도 유대인들은 여전히 토요일을 안식일로 삼고 있다. 그러나 오늘날 우리는 주5일 근무제 덕분에 저마다의 종교에 맞게 토요일과 일요일 중 선택해서 휴일을 결정할 수 있다.

그 레 고 리 우 스 력

율리우스력은 무려 1,600년 동안 사용되었다. 그러다가 교황 그레고리우스 13세가 좀 더 야심차게 애정을 기울인 계획에 따라 새롭게 개선되었다. 율리우스력의 주요 문제는 일 년의 길이를 365.25일로 잘못 계산한 것이었는데, 이것은 실제 길이보다 10분 45초가 더 길었다. 이런 차이 때문에 오차가 누적되어 율리우스력은 태양력보다 10일이나 늦어졌다. 그레고리우스의 과제는 앞으로 이런 문제가 없도록 율리우스력과 태양력을 맞추는 것이었다.

우선은 남는 10일을 없애야 했다. 그는 1582년 10월 4일 목요일 다음 날이 10월 15일 금요일이 되도록 열흘을 건너뛰는 과감한 결정을 단행했다. 유럽 전역의 사람들에게 이런 변화를 시행한다는 것은 놀라운 위업이었으나, 문제가 없지는 않았다. 여러 나라에서 사람들이 자기 인생의 10일을 도둑맞았다고 생각하고는 그 10일을 되돌려달라고 소동을 부렸다는 말이 전해진다.

달력 개혁의 칙령은 교황이 선포한 것이기 때문에, 영국 같은 프로테스탄트교 나라는 더욱 논리적인 체계에 따라 그 변화를 시행했다. 실제로 영국에서는 1752년에야 비로소 그 변화를 따랐는데, 그 시점에서는 그레고리우스력과 태양력을 맞추기 위해 11일을 건너뛰어야 했다.

윤년

그레고리우스력에서 4년에 한 번씩 찾아오는 윤년은 달력과 태양력의 시간을 일치시키기 위해 하루가 더 붙은 해이다. 윤년에 추가되는 하루는 2월에 끼워 넣는데, 따라서 날짜에 하루가 더 생기는 변화가 생긴다. 그래서 '평년'의 경우 2월 28일 금요일이라면 다음 날 3월 1일 토요일이 되지만, 윤년에는 2월 29일이 그 자리에 끼어들기 때문에 하루씩 뒤로 밀려난다. 윤년이 필요한 이유는 태양력의 일 년이 365.24일로 달력보다 조금 길기 때문이다.

2월 29일에 태어난 사람을 '윤년생'이라고 하는데, 이들은 평년에는 보통 2월 28일에 생일을 쇤다. 그러나 홍콩을 비롯한 일부 지역에서 윤년생의 생일은 법적으로 3월 1일로 친다.

밀레니엄의 해

 표준 그레고리우스력의 연도는 예수가 탄생한 해로 추정되는 해를 기준으로 셈하지만, 그리스도교를 믿지 않는 사회에서는 자신들의 종교 지도자의 출생이나 죽음, 또는 그 지도자들의 생애에서 특히 중요한 일화가 있었던 때를 기준점으로 삼는 경우도 종종 있다. 밀레니엄(2000년)을 예로 들면, 서구 문화가 아닌 몇몇 곳에서는 다음과 같은 방식으로 표시된다.

1379년 : 이란과 아프가니스탄

✳ 이들 두 나라에서는 태양력인 히즈리력이 공식 달력이다. 히즈리력은 여러 가지 면에서 그레고리우스력보다 더 정확하다고 여겨지고 있지만, 천문학 차트를 참고해야 하는 번거로움

이 있다. 히즈리력으로 몇 년인지 알아보기 위해서는 그레고
리우스력에서 621 또는 622를 뺀다(서기 622년은 예언자 마호메
트가 메카에서 메디나로 이주한 해이다). 그래서 2000년은 히즈
리력 1379년에 해당한다.

1421년 : 사우디아라비아와 나머지 이슬람 국가들

✳ 이슬람력은 354일 또는 355일이 일 년인 태음력이다(음력의 한
달 주기는 그레고리우스력의 30.4일보다 약간 짧은 29.5일이다). 이
슬람력은 라마단이 시작되는 첫째 날을 알아낼 때처럼, 종교
적인 목적에 쓰인다. 날짜 수에서 약간의 차이가 있기 때문
에 이슬람력은 태양력인 히즈리력보다 계산이 조금 더 혼란
스럽기는 하지만, 두 달력 모두 서기 622년을 '원년'으로 삼고
있다. 이슬람력에서 2000년은 1421년이 된다.

12년 : 일본

✳ 일본인들은 공식적인 사건과 일상생활에서는 모두 그레고리
우스력을 사용하지만, 일본의 연도 체계는 조금 달라서 일본
왕의 재위를 바탕으로 하는 연호를 쓴다. 그래서 일본 왕 아
키히토가 1989년에 왕위에 오르면서, 서기 2000년은 '헤이세

이 '12년'이 되었다.

5760년 또는 5761년 : 이스라엘

✴ 유대교에서 기념일이나 축제를 정하기 위해 쓰이는 히브리력
은 그레고리우스력 체계의 기원전 3761년을 시작일로 삼는
다. 성서에서 말하는 지구가 창조된 해보다 한 해 전이다(성
서의 계산에 따르면 지구가 창조된 것은 정확히 그 다음해 10월 7일
월요일이었다). 서기 2000년을 히브리력으로 계산하려면, 로시
하샤나Rosh Hashana(유대교의 새해로 보통은 9월이나 10월에 시작된
다) 전이면 3760을, 그 후면 3761을 더하면 된다. 그래서 서구
에서는 2000년 1월 1일에 밀레니엄을 맞이했지만, 히브리력으
로 그 해는 5760년이었고, 예정대로 2001년은 5761년이었다.
창조론자들과 여호수아의 증인 같은 많은 그리스도교 단체
들은 여전히 신이 기원전 38세기에 세상을 창조했다고 믿는
다—이에 따르면 지구의 나이는 약 6,000살이다.

4637년 또는 4697년 : 중국

✴ 전통에 따르면 중국의 달력은 전설상의 황제인 황제(黃帝)가
재위 61년째 되는 해(기원전 2637년)에 만들었다고 한다. 그러

나 이 연도는 오차 범위가 약간 넓은데, 일부에는 그보다 60년 뒤인 기원전 2697년을 기준점으로 잡고 있기 때문이다. 그래서 생각하는 바에 따라서 서기 2000년은 4637년이 될 수도 있고 4697년이 될 수도 있다.

5102년 : 인도

＊ 힌두력은 기원전 3102년을 시작점으로 친다. 이때는 크리슈나가 자신의 '영원한 집'으로 돌아갔다고 일컬어지는 해이다. 힌두력은 그레고리우스력과 똑같은 365일 및 윤년 체계를 따르기 때문에 서기 2000년이 힌두력으로 몇 년인지 알아보려면 간단히 3102년을 더하면 되므로, 5102년이 된다.

나라의 시간을 되돌리다

1978년 리비아의 권력을 잡은 무아마르 가다피Muammar Gaddafi 대령은 이슬람력이 전통적인 원년인 서기 622년이 아니라 예언자 마호메트가 서거한 632년부터 시작해야 한다고 선포하면서 리비아의 달력을 나머지 이슬람교 국가의 달력보다 10년 늦추었다.

1992년 : 에티오피아

✳ 에티오피아 달력은 고대 이집트력에 바탕을 두고 있지만 그 레고리우스력과 매우 비슷해서 날짜를 알아보기가 매우 쉽다. 에티오피아력에서 새해는 8월 29일이나 30일에 시작된다. 원년을 비교해보면, 에티오피아력은 그레고리우스력과 7~8년 차이밖에 나지 않는데, 예수의 수태고지(천사 가브리엘이 마리아에게 신의 아들을 잉태할 것이라고 알려준 사건)가 몇 년이었는지를 둘러싸고 관점이 다르다. 에티오피아인들은 이 사건이 당시 로마의 권력자들이 생각하는 것보다 조금 늦게 있었다고 보기 때문에, 에티오피아 및 이웃한 에리트리아에서 서기 2000년은 1992년에 해당하다. 덕분에 이들은 그들 나름의 Y2K 공포 효과가 시작되기 전에 어느 정도 여유가 있었다.

햇빛이 오기까지 걸리는 시간

어느 구름 없는 밤, 하늘에 뜬 별들을 가만히 바라보자. 여러분은 별들의 '지금' 모습을 보고 있는 게 아니라 별빛이 그 별을 떠나올 당시의 별을 보고 있는 것이다. 어쩌면 그것은 수백만, 수천만 년 전의 일일지도 모른다. 밤하늘이 주는 느낌을 보다 완전하게 알고 싶다면 가장 밝은 별 외에는 모두 가려버리는 크고 작은 도시의 빛 공해가 미치지 않는 외딴 시골에서 밤하늘을 보는 것이 가장 좋다.

태양과의 거리는 때마다 약간 달라지기는 하지만 약 1억 5,000만 킬로미터이므로, 햇빛이 우리에게 오기까지는 약 8분이 걸린다. 그러니 여러분이 해를 본다면, 그건 8분 전의 과거를 보고 있는 셈이다.

시간의 측정

시간 셈법

 수학과 천문학이 관련된 많은 것들이 그렇듯, 우리가 시간을 나누는 방식은 기원전 3000년 무렵의 고대 메소포타미아에서 시작되어 바빌로니아인들과 수메르인들을 거쳐 온 것이다. 그리고 일주일 속의 요일들과 마찬가지로—또는 사실상 주(週)의 존재 자체가 그렇듯이—이런 구분은 임의적이지만, 그럼에도 우리의 생활에는 엄청난 영향을 끼친다.

12진법과 60진법

우리 생활의 많은 부분에서 숫자를 셀 때나 일반적인 계산을 할 때에는 10과 10의 배수를 사용하는 십진법이 쓰이지만, 시간을 잴 때는 물론이고 각도를 잴 때, 지리적 좌표를 측정할 때에는 60을 중심 수로 사용하는 60진법이 쓰인다.

60은 매우 여러 가지로 나뉘는 합성수이다. 다시 말해 쓸모 있는 약수가 많은 수이다. 60은 12개의 '인수' 즉 그것을 나누어 떨어지는 수를 가진다(1, 2, 3, 4, 5, 6, 10, 12, 15, 20, 30, 60). 그렇기 때문에 60이나 60의 배수를 가지고 분수를 만드는 것이 쉬워진다. 또한 60은 1부터 6까지의 모든 수로 나눌 수 있는 수들 가운데 가장 작은 수이기도 하다.

다시 말하면, 60은 중대한 수이다.

12라는 수를 시간과 수학에서 중심 수로 사용하게 된 것은 엄지손가락으로 다른 네 손가락에 있는 각 3개씩의 마디를 짚어서 세었던 습관에서 유래되었다는 설이 있다. 물론, 12라는 수가 널리 쓰이게 된 데에는 한 해 동안의 달 모습이 바뀌는 주기가 대략 12번이라는 등의 다른 이유들도 있다.

동서양 모두에서 길이와 단위 등에서 아직도 사용되고 있는 12진법은 시간을 나타내는 방법으로 여전히 유용성을 발휘하고 있다. 12진법은 고대 이집트, 수메르, 인도, 중국 등 초기 문명에서 널리 사용되던 방법이었다.

하 루 가   2 4 시 간 인   이 유

마법의 수 12를 가지고 하루를 나누는 것은 그것이 과학적인 방법이어서라기보다는 우리 조상들이 선호하던 셈법에 바탕을 두고 있다. 전해지는 바에 따르면 고대 이집트인들은 36개의 '십분각' 별들이 떠오르는 것을 보고 하루를 나누었다고 한다. 십분각이란 지구가 자전하는 동안 지평선에 차례로 떠오르는 36개의 별을 말한다. 십분각 별이 하나씩 떠오를 때마다 시간(40분으로 이루어진)이 구분되었는데, 이집트 중왕국 시대(기원전 18세기에서 16세기)에 이르자 이 체계가 다듬어져 하루를 24 십분각으로 세게 되면서 낮 12시간과 밤 12시간으로 구분되었다. 그러나 이 시간 구분에서 실제로 한 시간을 정의하기 위해서는 측정 장비가 필요했다. 마침내 최초의 시계가 등장하게 된 것이다……

고대의 시계

 해 시 계

앞에서 말한 것처럼, 해는 자연의 시계 가운데 가장 유용하다. 일출과 일몰을 제외하면, 시간을 알아보기 가장 쉬운 시점은 해가 하늘에서 가장 높이 떠서 지면에 가장 짧은 그림자를 드리우는 때인 정오이다. 그렇기 때문에 정오는 낮 시간 중 시간을 셈하는 가장 대중적인 시점이 되었다. 인간이 언제부터 해를 사용해 하루의 시간을 계산하기 시작했는지는 알려져 있지 않다. 기본적인 시간 표시는 수천 년 전부터 사용되었을 것이라고 짐작되지만 다만 우리가 알지 못할 뿐이다. 마찬가지로 우리는 시간을 알기 위해 처음 사용된 것이 그림자인지 아니면 햇빛의 끝점인지 모르지만,

우리가 아는 최초의 해시계는 하루의 시간을 알기 위해서 그림자를 사용하는 방법이 더 흔했다는 걸 말해준다(그림자는 이른 아침에 가장 길고 정오가 될수록 점점 짧아지다가 저녁으로 갈수록 다시 길어진다). 알려진 최초의 해시계는 기원전 1500년경의 것으로, 고대 이집트와 바빌로니아 천문학자들이 사용했던 것이다.

수평면과 지시침으로 이루어진 해시계

가장 기본적인 해시계는 수평면 또는 수직면에 하나의 '지시침(바늘)'이 붙은 형태이다. 지시침은 가느다란 막대기나 똑바로 선 날카로운 모서리 형태인데, 표면에 그림자를 드리워 하루 동안 변화하는 시간을 알려준다. 정확한 시간을 알기 위해서는 해시계를 지구의 자전축과 맞추고 지시침이 '천구의 진북극'을 가리키도록 해야 한다. 북반구에서 천구의 진북극은 북극성으로 알 수 있다.

해시계에 표시된 12개의 눈금은 한 시간의 길이를 측정하는 데 쓰였다. 이렇게 측정된 시간은 나중에 물시계, 양초시계, 모래시계 등 구름이 낀 날이나 밤에 시간을 알아내는 문제를 해결하기 위해 발명된 나머지 시간 장비에 적용될 수 있었다.

물 시 계

물시계는 이르게는 기원전 4000년경에 중국에서 사용되었던 것으로 추측된다. 그러나 확실한 증거가 남아 있는 것은 훨씬 나중인 기원전 1500년경 이집트와 바빌로니아의 물시계이다. 물시계는 흐름을 일정하게 조절한 물이 그릇 안으로 들어가거나 나오는 양으로 시간을 측정하는데, 그 그릇의 크기와 유속은 특정한 시간 단위에 비슷하게 맞춰져 있다.

기본적인 물시계의 예로는 인도에서 사용했던 것으로 반쪽짜리 코코넛 껍데기로 만든 '가티ghati' 또는 '카팔라kapala'라는 시계가 있다. 이 단순한 장치는 코코넛 껍데기에 작고 정확한 크기의 구멍을 뚫어서 물통 안에 넣어두는 것이었다. 가티는 물이 가득 차서 가라앉기까지 24분이 걸리는 크기로 만들어졌다. 여기서 1

분은 각각 60초에 해당하는 시간이다. 따라서 하루는 이런 24분 짜리 시간 60번으로 이루어졌다. 기원전 4세기에 페르시아에서 사용했던 '페냐안fenjaan' 시계도 똑같은 원리를 적용한 것이지만 시간 측정법은 달랐다.

그리스에서는 '물 도둑'이라는 뜻의 '클렙시드라clepsydra'라는 물 시계가 쓰였는데, 끝에 구멍이 뚫린 항아리 형태였다. 항아리에서 물이 다 빠져나가면 정해진 시간을 알 수 있었다. 아테네 법정에 서는 공정성을 위해서 법정 사건에서 클렙시드라를 사용해 원고

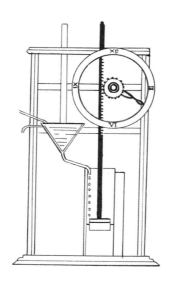

기본적인 형태의 물시계

와 피고에게 각각 할당된 시간의 양을 정했다. 또한 클렙시드라는 매춘부들이 고객과 보낸 시간을 측정하기 위해 사용하기도 했던 것으로 알려져 있다.

더욱 긴 시간을 재기 위해서는 물의 흐름을 일정하게 계속 유지하면서 시간을 세어야 했기 때문에 물시계는 점점 더 복잡해졌다. 기원전 3세기에 이르자 그리스에서는 끊임없이 물을 공급하고 흐르게 하는 체계—더욱 긴 시간을 측정하게 해주는—를 사용한 시계가 발명되었다. 그 후로도 느리게나마 더 많은 혁신과 기계화가 이루어졌지만, 중동과 중국에서 서기 8세기부터 11세기 사이에 특히나 많은 혁신이 이루어졌다.

중국의 시계 발명가인 소송(蘇頌, 1020~1101)은 무려 9미터 높이의 탑 안에 놓인 천문 물시계를 발명했다. 이 천문 시계는 꼭대기에 천구가 있었고 앞면에는 열린 창이 있어 하루의 시간을 알려주는 현판을 든 인물상들이 보이게 되어 있었다.

13세기 초반의 한 문헌에는 또 다른 물시계가 설명되어 있는데, 시리아의 수도 다마스커스의 우마이야 모스크에 있었다는 이 시계는 낮과 밤이 각각 길이가 똑같은 12시간으로 나뉘어 있었고 각각 낮과 밤의 시간을 알려주는 문자반이 있었다. 그리고 구리 구슬들이 쏟아지면서 시간을 알려주었다.

모 래 시 계

모래시계는 8세기에 유럽에서 처음 발명되어 쓰여졌다. 모래시계를 사용했음을 보여주는 첫 번째 증거는 14세기의 것이다. 이탈리아의 미술가 암브로조 로렌체티Ambrogio Lorenzetti가 1338년에 그린 프레스코화 〈좋은 정부의 알레고리allegory of Good Government〉에 모래시계가 보인다. 모래시계가 처음 등장한 이후 같은 시기의 여러 항해일지에서 모래시계에 대한 언급이 자주 등장한다.

모래시계는 공 같은 둥근 유리 두 개가 서로 연결되어 있는 형태로, 위쪽 유리구에서 아래쪽 유리구로 내용물이 규칙적으로 떨어지게 되어 있다. 그렇게 위쪽 구가 비게 되면 뒤집어서 다시 시

간을 잴 수 있다. 모래시계는 특히 배에서 유용하게 쓰였는데 바다의 출렁임에 영향을 받지 않을뿐더러 모래시계 안에 쓰이는 알갱이 물질—모래, 곱게 빻은 달걀껍데기, 대리석 가루—은 물시계보다 기온 변화에 덜 민감하기 때문이다. 사실 모래시계는 18세기까지도 배에서 시간, 속력, 거리 등을 재는 데 사용되었다.

다음 장에서는 최초의 믿을 만한 바다 시계, 즉 시간 산업에서 '해양시계'라고 부르는 시계에 관해 알아볼 것이다. 남다른 삶을 살았던 한 사람의 꿈과 도전 그리고 시간의 역사를 바꾼 업적에 대해 살펴보기로 하자.

배의 속력을 나타내는 단위

뱃사람들이 속력을 재기 위해 사용했던 또 하나의 장치가 '측정선'이었다. 기본적으로 이것은 일정한 간격으로 매듭을 묶고, 한쪽 끝에 나뭇조각으로 된 추를 달아 늘어뜨리게 된 기다란 밧줄 형태였다. 선원들은 이 나무 추를 물에 던져서 배 뒤쪽의 코일에서 풀려나간 매듭의 수를 세었다. 일정한 시간(보통은 조그만 모래시계를 사용해서 재었다) 동안 코일에서 나간 매듭의 수를 세어 배의 속력을 계산할 수 있었는데, 그래서 배의 속력을 재는 단위는 매듭을 뜻하는 '노트knot'가 되었다.

양 초 시 계

아시아, 중동, 유럽에 걸쳐서 널리 사용되었던 또 하나의 옛날 '시계'가 양초시계였다. 양초시계는 적어도 16세기 초부터 사용되었지만, 원리가 간단하기 때문에 아마도 그 전부터 쓰였을 것으로 짐작된다.

원리는 초가 타는 시간을 기준으로 시간의 흐름을 측정한다. 양초의 밀랍에 일정한 간격으로 시간을 알려주는 눈금을 새기거나 눈금을 새긴 반사판 앞에 양초를 놓고 불꽃의 높이를 사용해 불꽃이 밝히는 눈금으로 시간을 알아본다. 한편 정해진 시간 안에 타도록 만들어진 양초시계들은 양초 안에 못이 있어서, 양초가 타서 없어지는 순간 딸깍 소리를 내며 떨어져 일정한 시간이 지났음을 알려주기도 한다.

1초의 길이

 앞에서 본 것처럼, 시간 계산은 처음에는 12진법(12배수들)을 바탕으로 하루를 나눈 해시계를 이용했다. 그리고 이미 배운 것처럼 고대 메소포타미아인들은 60이라는 수를 좋아했는데, 우리가 아는 수학 지식과 천문학 지식의 상당 부분은 고대 메소포타미아로부터 이어내려온 것이다. 그러므로 하루의 24분의 1로써 시간을 다시 60분으로 나누고 다시 그 60분을 각각 60개의 짧은 단위인 초로 나눈다는 건 불가피한 일로 보인다.

기계 시계가 등장하기 전까지 1초의 길이를 측정하는 방법은 과학적인 것은 아니었다. 초를 재는 방법과 실제로 초를 쟀는지 여부는 추측만 할 뿐이다. 그리고 그 정확도는 어린아이가 숨바꼭질을 할 때 숫자를 세는 것과 비슷했을 것으로 짐작한다. 아마도 초 단위는 손가락을 규칙적으로 딱딱 튀기는 행동이나 심장박동으로 측정했을 것이다. 건강한 성인 남자의 심장은 1분에 약 60회 정도 뛰며, 여자는 그보다 조금 더 많이 뛴다.

중세 성기(11, 12, 13세기)에 설계된 복잡한 형태의 물시계 가운데 일부는 시간의 작은 단위까지 측정할 수 있다. 예를 들어 13세기 초에 다마스쿠스의 우마이야 모스크에 있던 시계는 한 시간은 물론 5분 간격의 시간까지 표시되어 있었다. 그밖에 다양한 기능을 위해 더 짧은 시간을 재는 데에는 더 작은 모래시계가 사용되었다.

그러나 분과 초가 나름의 시간을 가지게 되어 오늘날 우리가 아는 것과 같은 시간 구성의 기본 단위가 된 것은 최초의 비(非)수력시계가 등장하면서부터였다.

정확한 1초의 길이

19세기 말에 평균 태양일이 조금씩 길어진다는 사실이 이미 발견되기는 했지만, 1960년대까지 1초는 평균 태양일의 86,400분의 1로 정해져 있었다. 1950년대 원자시계가 발명되면서 초의 길이를 정확하게 측정하게 되었다. 이 시간 장치가 얼마나 정확한지 예를 들어보면, 2004년부터 작동을 시작한 스위스의 한 원자시계는 3,000만 년에 겨우 1초가 틀린다고 한다! (더 자세한 것은 158쪽에)

탈진기와 시계

 ## 탈 진 기 의   발 명

복잡하게 움직이는 부품들이 들어간 독창적인 물시계는 늦어도 11세기부터 사용되고 있었다(그러나 그보다 1,000년 전인 고대 그리스에서도 물시계가 사용되었다고 짐작할 만한 일화들이 전해진다). 그런 물시계를 가능하게 해준 혁신적인 테크놀로지가 바로 '탈진기'였다. 이 발명품은 지금도 여러 시계에 쓰이고 있다.

탈진기는 에너지를 시간 측정 요소 즉 '임펄스 액션(자극 장치)'이라고 하는 장치로 전환시켜 그 진동의 수를 셀 수 있게 해준다('로킹 액션[잠금장치]). 우리가 흔히 보는 것과 같이, 계속해서 돌아가는 톱니바퀴가 있는 시계나 손목시계의 내부 작용을 생각해보자.

최초의 시계 탈진기?

고대 그리스인들은 이르게는 기원전 3세기에, 세면대 속의 물 흐름을 조절하기 위해 탈진기를 개발하고 사용했다. 이 복잡한 기술이 이미 물시계에 적용되었음을 암시하는 일화들이 전해지고 있다. 그리스의 공학자 비잔틴의 필론은 탈진기를 개발해 직접 사용했으며, 공기역학에 관한 논문을 쓰기도 했다. 그는 자신이 세면대 속에 장치해 사용하고 있는 기술이 '시계의 그것과 비슷'하다고 언급한다.

이런 움직임을 일으키는 것이 바로 탈진기인데, 탈진기로 인해 이 장치가 돌아가다가 잠기고, 다시 돌아가다가 잠기고 하면서 시계가 째깍거리게 되는 것이다. 탈진기를 계속 움직이는 에너지는 코일 스프링 즉 스프링 상중량(上重量)에서 나온다.

물시계의 탈진기는 물이 가득 차서 물그릇이 기울어질 때마다 시계의 톱니가 돌아가도록 설계되어 있었다. 그러나 진정으로 기계적인 시계가 발달하기 위해서는 진자운동을 하는 추를 사용해 시계를 움직일 동력을 줄 수 있는 탈진기가 필요했다.

이 기술을 사용한 시계는 13~14세기부터 유럽에 등장했다. 그런 시계들은 하나같이 매우 컸고 벽이나 탑의 높은 곳에 올려놓아야 했는데, 계속해서 시계가 돌아가기 위해서는 늘어진 추가 매우 커야 했기 때문이다. 이런 시계는 왕족이나 굉장한 부자들만이 가질 수 있는 장치였다. 그래서 주로 교회에서 시계를 주문해서 수도원과 대성당에 설치해 사용했다. 주요 기능은 사람들에게 기도 시간을 알려주는 것이었다.

중 세 시 대 의 시 계 들

14세기에 들어서 유럽 전역에서 어마어마하게 큰 시계들이 만들어졌고 주로 대성당에 설치되었다. 시계 관리는 대성당 직원들이 맡아 했는데, 끊임없이 정비를 해주어야 했다. 정확도도 떨어져 자주 시간을 새로 맞추어야 했다. 그럼에도 이런 시계들은 꾸준하게 시간을 알려주는 일을 묵묵히 실행했다.

이 시기에 제작된 많은 걸작 시계들 가운데에는 세인트올번스에 있던 월링포드의 리처드 시계(1336), 파도바에 있던 조반니 데돈디 시계(1348) 등이 있었다. 두 시계 모두 지금은 남아 있지 않지만, 둘 다 다양한 기능이 있었음을 말해주는 여러 가지 자료들이 전해진다. 월링포드의 시계에는 아스트롤라베(천체의 위치를 알려주고 예측하는 데 쓰였던 눈금 원반 장치)의 형상을 본뜬 커다란 문자반과 런던 브리지에서의 조수 높이를 알려주는 표시 장치가 있었

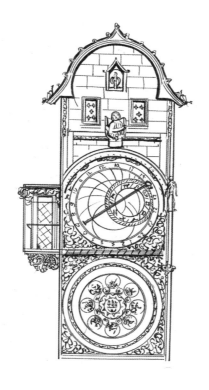

프라하에 있는 오를로이 시계

다. 이 시계는 정각에 울렸고, 울리는 횟수로 시간을 알려주었다.
파도바의 시계는 하루 중의 분을 포함한 시간은 물론이고, 행성들
의 움직임과 축일 달력까지 보여주는 문자반이 있었으며, 심지어
일식과 월식을 예측하는 바늘까지 달린 것이 특징이었다.

역시 지금은 전하지 않지만 굉장한 볼거리였다고 알려진 또 하

나의 중세 시대 시계가 스트라스부르 대성당에 있었다. 그 시계에서 가장 인상적인 특징은 금박을 입힌 수탉(예수의 상징)이었다. 그 수탉은 정오가 되면 기계 날개를 퍼덕이며 꼬끼오 하는 울음소리를 냈고, 그러는 사이 왕의 모습을 한 세 개의 기계인형이 그 화려한 닭을 향해 절을 했다. 이 시계는 아스트롤라베 겸 달력 역할을 하는 장치까지 갖추고 있었다. 그밖에 14세기의 훌륭한 시계로는 웰스 대성당 시계(지금은 런던의 과학박물관에 있으며 여전히 작동한다), 루앙에 있는 시계탑 대시계, 파리에 있던 하인리히 폰 비크 시계 등이 꼽힌다.

지금도 계속 작동하고 날마다 많은 구경꾼을 끌어들이는 시계가 프라하 구시가지 광장에 있는 오를로이다. 1410년에 만들어진 이 아름다운 시계는 기계 시계와 천문학적 문자반, 황도대 고리를 결합한 것으로, 매시 정각이 되면 여러 인형들이 움직인다. 이 인형들은 각각 허영, 탐욕, 죽음, 터키인(사악한 쾌락과 여흥을 상징하는) 등을 나타낸다. 열두 사도들 또한 시간마다 시계 위쪽에 있는 문간에 모습을 드러낸다. 정말 대단한 광경이 아닐 수 없다! 이 시계는 600여 년을 거치며 여러 번 보수되고 장식이 덧붙었고, 제2차 세계대전 때에는 독일군에 의해 심하게 손상되었다.

가 장 오 래 된 시 계

오를로이보다 더 오래됐지만 그보다는 조금 덜 매력적인 시계가 솔즈베리 대성당에 있다. 이 시계는 1386년에 만들어졌다고 하는데, 그게 사실이라면 앞에서 이야기했던 웰스 대성당 시계보다 6년 정도 더 앞선 것이다. 웰스 대성당 시계는 1392년에 제작되었다.

일부 시계학 음모론자들(실제로 그런 사람들이 있다!)은 솔즈베리 대성당 시계가 더 나중에 만들어졌다고 믿는다. 그 시계의 제작

'시계' 단어에 담긴 뜻

'시계'를 뜻하는 clock이란 단어는 14세기 말에 널리 쓰이게 되면서, 시계를 뜻하는 단어인 호롤로기움horologium을 대체했다(그러나 시계를 만드는 일은 여전히 영어로 'horology'라고 불린다). 이렇게 이름이 바뀌게 된 이유는 초기 시계들의 공통된 목적과 곧바로 관련이 있다. 당시 시계란 시간만큼 종을 울림으로써 교회 신도들에게 기도하라고 알리기 위한 것이었기 때문이다. 'clock'이란 단어는 '종'을 뜻하는 옛 단어에서 나왔다. 아마 '종'을 뜻하는 켈트어인 clocca 또는 clagan이 중세 라틴어와 고프랑스어 cloque, 중세 네덜란드어 clocke로 흘러들어간 것으로 보인다. 이 단어가 유럽 곳곳에서 사용된 것은 아일랜드 선교사들 때문인 것으로 여겨진다. 오늘날 아일랜드어에서 clog은 '종'과 '시계' 모두를 뜻한다.

방식이 16세기와 17세기에 만들어진 시계들과 비슷하기 때문이다.

1993년, 골동품 시계학회의 한 심포지엄에서 그 두 시계 가운데 솔즈베리 시계가 실제로 더 오래되었다는 견해를 두고 투표를 했다. 그러나 참석자의 약 3분의 1은 그 시계가 훨씬 나중의 것이라는 믿음을 표시하면서 반대표를 던졌다. 솔즈베리 시계는 계속해서 사용되지는 않았다. 사실 그 시계는 오랫동안 사라졌다가 1928년에야 다시 발견되었고, 1956년에야 비로소 복원되어 원래 자리로 돌아갔다.

시간 여행을 위한 귀띔

시계의 지배를 벗어나 살아보기

이번 장에서 이야기했던 것처럼 시, 분, 초로 구성되는 시간 체계는 초보적인 시계나 복잡한 시계를 막론하고 시계 장치로 표시되어 우리의 생활을 완전히 지배하고 있다. 손목시계를 팽개치고, 벽시계를 감춰두고, 휴대전화를 끄고서 며칠 동안 시간의 감옥에서 스스로를 해방시켜보자. 그리고 선사시대 조상들이 사용했을 그런 방식-일출과 정오, 일몰로 구분지어지는 태양의 움직임을 기준으로-으로 시간을 경험해보자.

완전하게 과거로 돌아가기 위해서는 (그리고 어디에나 있는 시계 장치를 안전하게 피하기 위해서는) 어딘가의 숲속 오두막에 들어가서 일정 기간 동안 아무도 만나지 않는 것이 가장 좋다. 그런 경험은 아마도 방향감각을 잃은 듯 아주 혼란스러울 것이다. 행운을 빈다!

시간 계측의 황금시대

 뉴 턴 의   시 간

르네상스와 계몽주의를 거치면서 시간 계측에서 위대한 진보가 이루어졌다. 이 '황금시대'에는 각종 시계를 더욱 정확하게 만들기 위한 새로운 메커니즘의 혁신부터 갈릴레오, 뉴턴 같은 학자들의 물리적이고 철학적인 기여까지 굵직한 과학적 혁신들이 대거 쏟아졌다.

과학의 아버지라 할 수 있는 뉴턴은 수많은 분야에 걸쳐 이바지한 바가 너무 크다. 《프린키피아Principia》라고 불리는 그의 책은 뉴턴의 운동법칙과 만유인력의 법칙을 소개하면서 이후 물리학 연구의 길을 닦았다.

뉴턴의 또다른 업적은 천문학적 계산법을 통해 지구가 아닌 태양이 우리 '우주'의 중심이라는 믿음을 더욱 굳혀준 것이다(똑같은 이유로 갈릴레오에게 가해졌던 벌을 뉴턴은 받지 않았다). 뉴턴은 반사망원경을 만들었고, 빛의 속도를 연구했으며, 계산법의 발전에도 이바지했다.

뉴턴은 '절대적' 시간과 '상대적' 시간을 구분했다. 그의 개념에 따르면, 시간은 '모든 변화에 쉽게 영향받지 않는다.' 다시 말해 시간은 우리가 없어도 존재하며, 독립적이고 절대적이며, 일정한 속도로 우주 속을 나아간다. 뉴턴에 따르면, 사람들은 '상대적인' 시간만을 인지할 수 있는데, 상대적 시간이란 달이나 태양—사실상의 시계—처럼, 우리가 인식할 수 있는 움직이는 물체를 통해 측정되는 것이다. 이런 움직임을 통해 우리는 시간이 흐른다는 감각을 갖게 되는 것이다.

태 엽 시 계 의 등 장

이 황금시대에 시계 제작의 거인들이 등장했으며 이들 가운데는 뱃길 여행에 혁명을 불러온 웅장한 해양시계의 발명가 존 해리슨John Harrison, 주머니 시계에 쓰일 자동 태엽감기—이 기술은 지

뉘른베르크 달걀

금도 현대식 손목시계에 쓰인다—를 발명한 아브랑-루이 페렐레
Abraham-Louis Perrelet 등이 있다.

시계 제작에서 주요 발전은 시계의 동력원인 '태엽'의 발명이었
다. 태엽으로 가는 시계는 탈진기를 작동시키는 추를 대체하면서,
15세기 초에 등장했다. 이 시계는 태엽을 감으면 작동한다. 태엽을
감아 소용돌이 스프링을 돌돌 말면 그것이 시간이 가면서 풀리는
동안 에너지를 방출하는 방식이다. 태엽으로 작동하는 시계 가운
데 남아 있는 가장 오래된 것은 부르고뉴(오늘날은 프랑스의 일부)
공작의 시계로, 1430년에 만들어졌다.

그 후 15세기에 이르자, 분과 초를 알려주는 시계들이 등장하기

시작했다. 그러나 이 시계들 가운데 초를 알려주는 시계는 남아 있지 않다(가장 오래된 것이 1560년의 것이다). 그때까지 대부분의 시계에는 바늘이 하나밖에 없었고, 문자반은 15분 단위의 네 부분으로 나뉘어 있었다.

펠리페 국왕과 시계장치 수도승

에스파냐의 국왕 펠리페 2세(1527~1598)의 아들이자 왕위 계승자인 카를로스는 심각한 뇌 부상을 당했다. 아버지 펠리페 국왕은 당연히 제정신이 아니었다. 그러다 카를로스가 기적적으로 회복하자, 국왕은 그것이 자신의 가족에 대한 신의 은총이요 그들의 기도에 대한 응답이라고 굳게 믿었다. 펠리페는 그 후 계속 기도함으로써 신께 경의를 표하겠다고 맹세했다. 그러나 한 나라의 왕이란 바쁜 직업이다. 그래서 펠리페는 자신이 직접 기도하지 않고, 자신의 기도를 대신해줄 자동인형(일종의 로봇)을 만들도록 의뢰했다.

당시의 최신 시계 장치 기술이 사용된 이 자동인형은 나무와 철을 사용해 키가 38센티미터인 수도승의 모습으로 만들어졌다. 열쇠로 태엽을 감아 움직이게 되어 있는 이 수도승 인형은 정사각형으로 궤적을 그리며 걸을 수 있었고, 한 손으로 가슴을 치고, 다른 손으로는 나무 십자가와 묵주를 들었다가 내릴 수 있었다. 이 인형을 작동시키면 고개를 끄덕이며 돌아갔고, 눈알을 굴리며 입을 열었다 닫았다 하면서 어색하게 '기도'를 했다.

400년이 지났어도 계속 기도하는 이 기계는 여전히 정상적으로 작동하고 있으며, 워싱턴 DC의 스미스소니언 연구소에 있다.

태엽의 등장과 함께 벽시계, 탁상시계, 손목시계 등의 시계 제작은 호황을 이루어, 특히 독일의 도시인 뉘른베르크와 아우크스부르크에서 시계 산업이 발달했으며, 이 기술이 더욱 대중화됨에 따라 시계 수요는 치솟았다.

16세기 중반에는 작은 시계들이 아주 화려해져서 장식처럼 목걸이에 걸거나 옷에 다는 시계가 나왔다. 이런 시계들은 하루에 두 번 이상 주기적으로 태엽을 감아주어야 했다.

일반 사람들보다 돋보이고 싶어 했던 뉘른베르크의 돈 많은 부자들은 온갖 특이하고 눈길을 끄는 모양의 시계—동물 모양, 꽃 모양, 곤충 모양, 해골 모양 등—를 주문했다. 시계의 문자반은 노출되어 있었지만, 시계 바늘을 보호하기 위해 뚜껑이 달린 시계가 많았다. 문자반을 덮는 유리는 17세기 초에야 비로소 표준적으로 쓰이기 시작했다.

1510년, 독일의 시계 장인인 페터 헨라인Peter Henlein(1485~1542)은 처음으로 알려진 회중시계 중 하나인 '뉘른베르크 달걀'을 만들었다. 헨라인이 회중시계를 '발명'했다고 믿는 사람들이 많지만, 그 시대 뉘른베르크에는 멋쟁이 고객들을 위해 더욱 작고 더욱 정교한 시계를 만들기 위해 온 힘을 쏟는 재능 있는 시계공들이 아주 많았다.

사실 시계 제작업은 경쟁이 매우 치열해서 폭력사태가 벌어질 정도가 되었다. 1504년 9월, 헨라인은 동료 자물쇠공이자 시계 제작자인 게오르크 글라저George Glaser와 싸움에 휘말리게 되었는데, 거기서 헨라인의 라이벌이 죽임을 당했다. 자세한 내막은 알 수 없지만 헨라인은 지역의 한 프란체스코회 수도원으로 피신해 4년 동안 숨어 있었다. 그러다 1509년 무렵에는 옛 명성을 되찾고 뉘른베르크 자물쇠 제조공 길드의 장인으로 임명되었다.

스 위 스 로   간   시 계 공

16세기 초에 유럽의 시계 제작 산업의 중심지는 독일에서 스위스로 옮아갔다. 위그노가 스위스로 이주해 매우 숙련된 시계공 집단으로 자리잡았기 때문이다. 원래 프랑스인들인 위그노들은 장 칼뱅의 추종자들로서 16세기와 17세기 프로테스탄트 개혁교회의 신도들이었다. 이들은 가톨릭교회에 대해 매우 비판적이었기 때문에 프랑스에서 심한 박해를 받았다. 1572년 성 바르톨로뮤의 날 대학살이 있었을 때 파리에서 무려 3만 명의 위그노들이 가톨릭교도들에 의해 살해되었고, 이 일을 시작으로 그 후 몇 주 동안 지방의 크고 작은 도시에서 비슷한 공격이 잇달았다. 이런 잔인성은 공식적으로 용인되어 가톨릭교도 가해자들이 위그노들에게 저지른 행동은 용서를 받았다.

그러자 많게는 50만 명에 이르는 위그노들이 영국, 덴마크, 네덜란드, 북아메리카 등을 포함한 프로테스탄트 국가들로 피신했다. 이들이 숙련된 시계 제작자로서 자리를 잡고 첨단 기술을 전해준 나라가 바로 스위스이다. 그런 연유로 스위스는 오늘날까지도 시계 산업으로 유명하다.

영국 왕 헨리 8세 또한 영국으로 건너오는 위그노를 환영했다. 사실 그는 자기 왕궁의 시계들을 맡아줄 시계 제조공 집단을 프랑스에서 개인적으로 수입하기까지 했다.

진자와 시계추

 갈 릴 레 오 의 발 견

시계학의 혁신 속도는 계속해서 빨라졌지만, 이번에 우리가 알아보려는 기술은 처음의 아이디어 단계에서 실제로 적용되기까지 꽤 오랜 시간이 걸렸다.

이야기는 이렇다. '관측 천문학의 아버지', '근대 물리학의 아버지', '근대 과학의 아버지' 등 다양한 별칭으로 불리는 이탈리아의 대학자 갈릴레오 갈릴레이Galileo Galilei(1564~1642)는 1582년 피사의 대성당 즉 두오모에 있었다. 당시 어린 학생이던 그는 밖에서 들어오는 외풍에 커다란 청동 램프가 오락가락 흔들리는 모습을 관찰하면서 시간을 보내고 있었다. 갈릴레오는 자신의 심장박동 수

갈릴레오에 관한 다섯 가지 재미있는 사실

1. 의학도이자 의사로서 그는 진자에 기반한 심박계뿐 아니라 온도계의 전신인 '온도경thermoscope'을 발명하기도 했다.

2. 피렌체의 미술학교인 '아카데미아 델레 아르티 델 디세뇨'의 강사로서 원근법과 키아로스쿠로(카라바조와 렘브란트가 사용했던 일종의 조명 효과) 기법을 가르쳤다.

3. 그는 망원경 기술을 발전시켜, 금성이 변하는 모습을 확인했고 목성의 가장 큰 위성 네 개를 발견했다. 그 네 개의 위성은 그를 기려 갈릴레이 위성이라 불린다. 그는 또한 태양의 흑점을 발견했으며 대체로 잘못 이해되고 있던 은하수에 대한 사실을 밝혀냈다.

4. 그는 '우주'의 중심이 지구가 아니라 태양이라는 코페르니쿠스의 이론을 지지했다. 이것은 동시대 천문학자들은 물론 교회의 주장에도 반대되는 것이었다. 그는 이단으로 고발당해 재판을 받았고, 기존의 학설에 감히 도전했다는 이유로 생애 마지막 15년 동안 가택연금을 당했다. 1939년 교황 피우스 12세는 그를 '학계에서 가장 대담한 영웅들' 중 한 명으로 묘사했고 마침내 1992년 교황 요한 파울루스 2세는 로마가톨릭교회를 대표해 갈릴레오에 대한 부당했던 대우를 공식적으로 사과했다.

5. 그밖의 업적으로 갈릴레오는 대포에 사용하기 위해 정확도가 크게 개선된 군용 나침반을 발명했고, 복합현미경을 만들었으며, 빛의 속도 측정을 위한 실험을 설명했고, 뉴턴의 운동법칙과 아인슈타인의 특수상대성이론의 토대가 된 상대성의 원칙을 제시했다!

를 기준으로 램프가 오락가락 흔들리는 시간을 재던 중 램프가 움직이는 폭이 얼마나 되는지에 상관없이, 그것이 왕복하는 시간이 항상 똑같다는 사실을 발견했다. 맥박이 9회, 또는 10회 뛰는 시간이었다. 그는 집으로 가서 여러 차례 실험을 거듭한 결과, 추의 움직임을 일으키기 위해 쓰인 밧줄의 길이가 추의 왕복 속도에

기본 진자 시계

영향을 준다는 사실을 발견했다. 밧줄이 길수록 추의 왕복 시간은 길었다.

갈릴레오는 이 발견을 적용해 휴대용 맥박계를 만들었고, 그것

을 자신의 의료 활동에 사용했다. 이 도구의 쓰임새는 곧 기존 의학계의 인정을 받았다. 나중에 갈릴레오는 시계에도 진자를 적용할 수 있다는 걸 깨닫고는 1637년에 최초의 추시계를 만들기 위한 설계도를 그렸지만, 직접 시계를 만들지는 못했다. 그의 아들 빈첸초가 1649년부터 그 시계를 만들기 시작했지만 미처 완성하지 못하고 죽었다.

마침내 갈릴레오의 생각을 현실로 만들어낸 사람이 나타났다. 네덜란드 출신의 또 한 명의 대학자 크리스티안 호이헨스Christiaan Huygens였다. 그는 1656년 최초의 추시계를 만들었다. 이 시계는 당시로서는 아주 정확해서 하루에 1분 미만의 오차밖에 나지 않았다. 1675년에 호이헨스는 주머니 시계의 평형바퀴를 위한 나선형 태엽을 발명해 시계의 정확도를 더욱 높였다.

호이헨스의 추시계는 확실히 혁명적이었지만, 거기 사용된 '버지'라고 불리는 유형의 탈진기는 추가 움직이는 폭을 너무 넓게 만들기 때문에, 정확도가 제대로 발휘되지 못했다. 1670년 무렵에 '앵커' 탈진기가 발명되어 추의 왕복 거리를 크게 줄여주었는데, 추의 왕복 거리가 짧아질수록 시계의 정확도는 더 높아졌다. 앵커 탈진기는 금세 추시계에 사용되는 표준 탈진기가 되었지만, 실제로 그것을 발명한 사람이 누구인지는 모른다. 시계 제작공인 조지프 니브Joseph Knibb와 윌리엄 클레먼트Willam Clement, 그리고 과학자 로버트 후크Robert Hooke 등 여러 명이 앵커 탈진기를 발명한 인물로 거론된다.

할아버지 시계

사람들은 점점 추의 왕복 거리가 좁은 것을 선호하게 되었고 얼마 안 가서 1초에 한 번 추가 왕복하는 초 기반의 추를 좋아하게 되었다. 이런 추를 가지고 1680년경에 처음으로 길고 좁은 추 시계를 만든 사람이 영국의 윌리엄 클레먼트William Clement였다. 이 시계가 할아버지 시계로 알려지게 되었다. 1690년 무렵에는 분침 또한 표준으로 도입되었다.

'할아버지 시계'라는 이름은 노예제 폐지론자였던 헨리 클레이 워크Henry Clay Work가 가사를 쓴 1870년대의 유행가였던 〈내 할아버지의 시계〉에서 나왔을 것으로 추측된다. 영국 요크셔의 조지 호텔에는 실제로 '그랜드파더 클락'이라는 이름의 시계가 있었는데, 아주 정확한 시계로 유명했다. 그러다 두 명의 호텔 주인 중 한 명이 죽고 나서 이상하게 시간이 틀리기 시작했다. 두 번째 주인까지 죽자 시계는 영원히 작동을 멈추었다고 한다.

메트로놈

추의 발명은 1696년 최초의 원형 메트로놈 제작으로 이어졌다. 메트로놈은 일정한 박자—다양한 빠르기의—를 유지할 수 있도록 음악가들을 위해 고안된 도구였다.

프랑스의 음악 이론가 에티엔 룰리에Etienne Loulié가 설계한 이 장치는 속도를 여러 가지로 맞출 수 있는 추가 달려 있었지만, 소리를 내지도 않았고 추를 계속 움직이게 하는 탈진기도 없었다.

다시 100여 년이 흐른 뒤, 제대로 된 메트로놈이 발명되었다. 이번에는 1814년 네덜란드에서 디트리히 니콜라우스 윈켈Dietrich Nikolaus Winkel이라는 사람이 만든 것이었다. 비록 윈켈이 새로운 메트로놈을 발명했지만, 요한 말첼Johann Maelzel이라는 사람이 이것을 개발해 특허를 받았고, 혼란을 막기 위해 1816년 '말첼의 메트로놈'이라는 이름으로 메트로놈 제작을 시작했다.

메트로놈의 분당 박자의 빠르기 즉 bpm은 40bpm부터 208bpm까지 다양하다.

조 끼 와   주 머 니   시 계

교회 시계탑을 제외하면, 시간이나 시계는 주로 돈 많은 사람들이 지키고 가지는 것으로 여겨졌다. 그리고 실제 시계의 주요 쓰임새는 종종 부와 패션을 물질적으로 과시하는 것이었다. 특히나 주머니 시계의 경우에는 더욱 그랬다. 사실 주머니 시계는 17세기 말에 등장하기 시작한 패션인 남성용 조끼를 보완하기 위해 만들어진 것이다.

그러나 남성용 조끼를 패션이라고 부르는 건 맞는 말이 아니다. 잉글랜드, 스코틀랜드, 아일랜드를 다스렸던 찰스 2세 왕이 영국의 왕정복고기에 남성용 조끼를 '올바른' 옷차림의 일부로 도입한 것으로 알려져 있다(찰스 2세의 아버지는 1649년 올리버 크롬웰 정부에 의해 처형되었다). 일기 작가로 유명한 새뮤얼 페피스Samuel Pepys는 1666년 10월에 "국왕께서는 어제 국무회의에서 절대 변경하시지 않을 복식 관습을 세우시겠다는 결심을 발표하셨다. 그것은 조끼인데, 어떻게 하실 건지는 나도 잘 모른다"고 기록했다.

이런 조끼 주머니 속에 깔끔하게 들어가도록 진화한 것이 단단히 물리는 뚜껑과 둥근 모서리를 갖춘 주머니 시계였다.

시계 제작의 거인들

 17세기와 18세기에는 시계의 대 혁신이 이루어졌음은 물론이고, 정교하고 아름답고, 때로는 그야말로 기이한 시계들이 너무도 다종다양하게 제작되었기 때문에, 그것들을 제대로 다루려면 따로 한 권의 책을 써야 할 것이다. 그러나 여기서 꼭 언급하고 넘어가야 할 시계학의 영웅이 몇 사람 있다.

토 머 스　톰 피 언

'영국 시계 제작의 아버지'로 불리는 토머스 톰피언Thomas Tompion(1639~1713)은 그리니치 천문대를 위해 최초의 '속도조절기' 시계 두 대를 만들었다. 이 시계는 초대 왕립 천문학자였던 존 플

램스티드 경Sir John Flamsteed이 사용했다. 하루에 2초 미만의 오차밖에 나지 않을 만큼, 당시에는 세계에서 가장 정확했던 이 시계들은 태엽을 다시 감아주지 않아도 꼬박 1년 동안 작동했고 태엽을 감는 동안에도 멈추지 않았다. 이 두 시계는 말 그대로 천문대에서 시간을 '기록'하는 일을 충실히 실행하면서 천문대에서 사용되던 다른 모든 시계와 손목시계를 위해, 그리고 선원들을 위해 꼬박꼬박 시간을 알려주었다.

톰피언은 자신의 작업장에 프랑스인과 네덜란드 위그노(앞에서 나왔듯이 시계 제작 기술로 유명했던) 숙련공들을 여럿 고용했는데, 톰피언이 생산해낸 시계들이 하나같이 높은 품질을 자랑했던 것은 그 기술자들 덕분일 것이다. 톰피언이 일하던 동안 그의 작업장에서는 약 5,500개의 손목시계와 650개의 탁상시계 및 벽시계가 제작되었다. 또한 톰피언은 태엽 감는 긴 상자형 벽시계에 일련번호 체계를 만들었다. 아마도 생산된 시계 제품에 일련번호 매기기는 이것이 처음이었다고 여겨진다.

조지 그레이엄George Graham은 톰피언이 배출한 가장 유명한 제자이자 궁극적으로는 그의 동업자였다. 그레이엄은 1715년경에 '그레이엄 직진식 탈진기'를 발명했다. 이것은 1675년 톰피언이 그리니치 시계에 쓰기 위해 처음 만들었던 탈진기에서 한층 발전한 것

영년

캄보디아의 독재자이자 공산당 크메르 루주의 지도자였던 폴 포트Pol Pot는 프랑스 혁명력에서 영감을 얻어 자신이 캄보디아의 최대 도시인 프놈펜을 장악했던 사건을 기리기 위해 1975년을 0년으로 선포했다.

그러나 말 그대로 시간을 바꾸려 했던 그는 달력뿐만 아니라 캄보디아인들이 살고 있는 시대까지 바꾸기로 결심했다. 그는 자본주의 요소를 부정해 지식인과 부유층을 탄압하고 사실상 모든 사람을 교육받지 못한 농민 계급으로 만듦으로써 사회 활동의 각 분야를 평준화하려고 했다. 폴 포트가 지배하던 4년 동안, 정치적인 처형과 강제노동의 결과로 약 200만 명이 목숨을 잃어 캄보디아는 한때 킬링필드라는 말로 불리기도 했다.

이었다. 그가 존 해리슨을 지원했던 일 역시 매우 중요한 사건이었다. 그가 해리슨에게 200파운드를 빌려준 덕에 해리슨이 최초의 해양시계인 H1 개발 작업을 시작할 수 있었던 것이다.

쥘리앙 르 루아

거장 공예가 쥘리앙 르 루아julien Le Roy(1686~1759)는 시계 제작공 가문의 제5대 후손이었고 13살의 어린 나이에 자기 생애 첫 번

뻐꾸기시계

뻐꾸기시계는 약간 시시해 보이는 발명품이지만 그 유래는 제법 인상적이다. 기원전 2세기에 그리스의 수학자 크테시비오스Ctesibios는 물로 작동하는 자동 올빼미 시계를 만들었다. 그 시계는 일정 시간이 되면 휘파람 소리를 내며 움직였다. 나중에 서기 797년에 바그다드의 하룬 알 라시드Harun al-Rashid는 새 모형이 튀어나와 소리로 시간을 알려주는 시계를 샤를마뉴 대제에게 선물했다. 그리고 스트라스부르 대성당의 유명한 14세기 시계는 금박을 입힌 수탉이 특징이었는데, 이 수탉은 매일 정오가 되면 기계 날개를 파닥이고 꼬끼오 하는 울음소리를 냈다. 17세기에는 기계 뻐꾸기가 시간을 알리는 시계들이 몇몇 등장했지만, 18세기에 독일의 남서부 지역인 슈바르츠발트에서는 그야말로 뻐꾸기시계의 광풍이 몰아쳤다. 그러나 이 유행을 누가 시작했고, 왜 퍼졌는지는 알려져 있지 않다. 시간이 흐르면서 뻐꾸기시계는 점점 더 정교해지고 복잡해졌다. 뻐꾸기시계가 얼마나 크고 정교해졌는지 《기네스북》에는 세계에서 가장 큰 뻐꾸기시계 항목이 따로 있다. 기록이 작성될 당시 가장 큰 뻐꾸기시계는 미국 오하이오의 슈거크리크에 있는 것으로 높이가 약 27미터, 폭이 24 7.3미터에 이른다. 이 시계에는 5인조 밴드 인형과 폴카를 추는 한 쌍의 남녀 인형이 나오며, 당연히 30분마다 커다란 뻐꾸기가 노래를 한다.

뻐꾸기시계는 미치광이 짓을 암시하는 은유적 함축성을 가지고 있다. 그리고 귀신이 나온다는 뻐꾸기시계들이 놀랄 만큼 많다. 그렇다, 시계가 귀신 들렸다는 것이다. 저절로 울기 시작하고 사람의 도움 없이도 정확하게 가는 뻐꾸기시계가 있다는 이야기는 나도 들은 적이 있다. 또 자정을 알릴 때면 희미한 유령이 나온다는 시계도 있다고 한다. 일부 뻐꾸기시계의 뻐꾸기는 사악한 의도로 만들어졌다는 이야기도 있다. 그 뻐꾸기 안에 진짜 뻐꾸기의 영혼을 가두어놓았다는 것이다. 뻐꾸기가 원래 다른 새의 둥지를 훔치는 고약한 성격의 새라는 점을 생각하면, 그리 놀랄 일도 아니다.

째 시계를 만들었다. 1년 후, 그는 고향 투르를 떠나 파리로 갔고, 여러 길드와 기술협회를 거치며 승승장구하다 마침내 1739년에 국왕 루이 15세의 공식 시계 제작공이 되었다.

르 루아는 시계의 정밀도를 크게 개선한 특수 반복 메커니즘을 포함해 여러 가지 기계적 혁신을 이루어냈다. 그가 루이 15세를 위해 만든 한 시계는 문자반을 떼어내면 내부의 복잡한 작용을 볼 수 있게 된 최초의 시계로 여겨진다.

르 루아가 일하는 동안, 그와 그의 공방에서는 무려 3,500개― 일 년에 약 100개―의 시계가 생산되었다. 다른 공방에서는 일 년에 30개에서 50개 정도의 시계를 생산하던 시기였다. 그가 만든 시계 중 몇몇은 현재 파리의 루브르 박물관과 런던의 빅토리아앨버트 박물관에 전시되어 있다.

이 유명한 시계 제작공 가문의 대를 이은 르 루아의 아들 피에르(1717~1785)는 시계학에서 중요한 세 가지 혁신을 일구었다. 그가 이룩한 혁신—래칫 톱니 탈진기, 온도 보완 균형 바퀴, 등속 균형 바퀴 태엽—은 현대식 정밀 시계와 영국의 존 해리슨에 의해 촉발된 해양 크로노미터의 등장을 위한 토대가 되었다.

아 브 랑 – 루 이   페 렐 레

독창적인 스위스 시계학자 페렐레Abraham-Louis Perrelet(1729~1826)는 주머니 시계에 쓰일 자동 태엽 장치를 발명했다. 이 장치는 시계 주인이 걸을 때 상하로 흔들리는 무게의 진동을 이용해 돌아간다. 현대 손목시계의 '자동' 원리와 똑같은 것이다. 1777년 주네브 기술협회는 페렐레의 시계를 가지고 실험을 했고, 그 시계를 차고 15분간 걸으면 8일 동안 내내 작동할 것이라는 결론을 내렸다. 페렐레의 또 다른 발명품으로는 '만보계'가 있다. 걸을 때의 걸음 수와 거리를 측정하는 장치로, 지금은 디지털화되어 걷기나 달리기 운동을 열심히 하는 사람들이 많이 사용한다.

페렐레는 지금도 스위스의 고급 시계 브랜드이며, 홍보용 문구에서는 그 회사가 '자동시계의 발명자'임을 선언하고 있다.

시간의 좌표

 ## 뱃 사 람 들 의   시 간

1670년대까지 뱃사람들을 제외하면 시간에 대해 정해진 어떤 개념에 진정으로 관심이 있는 사람이 없었다. 그리고 몇 년 뒤에도 사정은 마찬가지였다. 시간은 동시적으로 맞추는 게 아니라 지역마다 다른 것이었다. 매스컴이나 기본적인 기반시설이 없는 상태에서는 다음 마을이나 도시는 지금 몇 시인가 하는 것은 실제로 문제되지 않았다. 중요한 것은 오직 우리 마을, 우리 도시 교회의 종소리뿐이었다.

그러나 뱃사람들에게 시간을 아는 것은 중요한 문제였다. 시간을 알면 항해와 그에 관련된 많은 것들을 통제할 수 있었고, 조수를 알 수 있었다. 조수간만표를 보고 조수가 언제 높아지고 낮아지는지를 아는 것은 항해 시간을 계획하는 데 중요했다. 스튜어트 왕조 시대 해상 업무의 중심지였던 런던에서는 항해를 떠나기 전 시계를 맞출 기준 장소로 템스 강의 그리니치가 선정되었다.

그 리 니 치   천 문 대

1675년, 다시 영국 왕으로 복위한 찰스 2세(남성용 조끼 법령을 만든 왕)는 그리니치에 천문대를 세웠다. 왕립 천문학자가 '가장 면밀한 주의력과 근면함으로 천체와 고정된 별자리의 운행표를 바로잡도록' 그리니치가 선정된 것이다.

이 천문대는 크리스토퍼 렌 경Sir Christopher Wren이 설계하고 건설했다. 크리스토퍼 렌 경은 런던 대화재로 파괴되었던 세인트폴 대성당과 수많은 교회를 재건했을 뿐 아니라 천문대가 있는 언덕 아래쪽의 거대한 왕립 그리니치 해군병원을 설계한 사람이었다. 왕립 천문대는 영국에서 과학적 연구 시설로 특별히 만들어진 첫 번째 건물이었고, 영국에서 가장 좋은 장비와 망원경을 갖추고 있었다.

그러나 영국 해양업무의 편익을 위해 천체 지도를 만드는 이 가치 있는 작업이 진행되는 동안, 정작 이 천문대의 가장 중요한 쓰임새는 뎃퍼드와 그리니치 부두를 출발하는 뱃사람들을 위한 시간 수집소 역할을 하는 것이었다. 이 천문대에는 6.096미터 높이의 8각형 방 안에 토머스 톰피언(113페이지의 '시계 제작의 거인들 Timekeeping titans' 참조)이 제작한 두 개의 시계가 있었다. 각각 3.96미터 길이의 거대한 추가 달려 있던 이 시계들은 하루에 2초의 오차라는, 당시로서는 획기적인 정확도를 자랑하며 시간을 알려주었다. 선원들은 항해를 떠나기 전에 그리니치에 가서 배의 시계와 손목시계를 맞추었다. 그러나 아무리 주의해서 시계를 관리한다고 해도 바다에서까지 오랫동안 정확도를 유지할 수 있다는 보장이 없었다. 시계 제작의 거장인 존 해리슨이 완벽한 해양시계를

만들기 위해 어떻게 평생을 바쳤는지는 곧 알아보기로 하자.

1833년, 선원들이 그리니치의 가파른 언덕을 힘겹게 올라가지 않아도 되도록 그리니치 천문대 꼭대기에 시간을 알려주는 보시구(報時球, 항구에 정박했던 배들에게 항해실 시계를 초 단위로 정확하게 맞출 수 있도록 석탑 위에 놓인 크고 무거운 둥그런 타임 볼-옮긴이)가 설치되었다. 지금도 그렇지만, 이 밝은 빨강색의 구는 매일 오후 한 시가 되기 직전에 올라와서는 한 시 정각에 떨어지기 때문에 선원들은 템스 강에서도 해양 크로노미터를 맞출 수 있었다. 몇 년 후인 1855년, 천문대 바깥쪽 벽에 셰퍼드 게이트 시계가 만들어졌다. 24시간이 표시된 문자반이 있는 이 시계는 초기의 전기식 자(子)시계로, 건물 안에 있는 모(母)시계에서 전달된 전기 자극으로 움직이는 시계이다. 이 시계는 '그리니치 표준시'를 일반인들에게 보여주었던 최초의 시계로 알려져 있다.

1924년 2월 5일, 영국방송협회BBC는 그리니치에서 직접 시보를 전송하기 시작했다. '삐' 하는 소리는 사람들이 벽시계나 탁상시계, 손목시계를 정확한 시간에 쉽게 맞추도록 하기 위한 것이었다. 모두 여섯 번의 삐 소리가 나는데, 마지막 나오는 소리는 다른 것들보다 더 길고 다음 시간이 시작되는 정확한 순간에 울리게 되어 있다. 라디오 전파는 빛의 속도로 가기 때문에, 삐 소리는 세계의 아주 먼 곳까지 전송될 수 있었으며 지금도 10분의 1초 정도의 오차 범위 내에서 정확하게 시간을 알려준다.

오늘날 이 '삐' 소리는 그리니치가 아닌 서리의 테딩턴에 있는 국립물리학연구소에서 방송된다. 아울러 이 연구소에서 알리는 시간은 협정세계시UTC—그리니치표준시GMT의 뒤를 이은—를 사용한다.

경 도 와 해 양 시 계

16세기부터 19세기까지 '항해의 시대'에는 무역과 인간의 이동에서 세계적인 혁명이 일어났다. 그러나 우리가 보았듯이, 항해는 위태위태한 모험이었다. 특히 경도—지구에서 남북으로 난 본초자오선의 동쪽 또는 서쪽에 있는 장소의 위치—를 알아내는 일이 여간 힘들지 않았기 때문이다.

뱃사람들은 바다에서 자신들이 탄 배가 어디쯤 있는지 위치를 알아내기 위해 천문 지도와 현지에서 본 밤하늘 별들의 위치를 근거로 한 계산법을 사용했다. 그러나 이 계산법은 오차가 상당해서 최종 목적지를 놓치는 일이 많았고 최악의 경우엔 난파해서 목숨을 잃기도 했다. 이것이 워낙 큰 문제였기 때문에 1714년에

꽃시계

솜씨 좋은 정원사가 꽃과 풀로
이 새로운 문자반을 멋지게 그려냈으니
저 위 하늘에서는 더욱 온화한 태양이
향기로운 황도대를 달려가는구나.
그리고 부지런한 벌은 일하는 동안
우리처럼 자기의 시간을 계산한다.
오직 풀과 꽃만으로 어떻게 그렇게
아름답고 유익한 시간들을 생각해냈을까!

앤드루 마블, 〈정원〉, 1678

앤드루 마블Andrew Marvell이 위의 시를 쓰고 많은 세월이 지난 후, 식물학자 카롤루스 린나이우스Rarolus Linnaeus는 1751년 발간한 저서 《식물철학Philosophia Botanica》에서 꽃시계라는 아이디어에 관해 썼다. 그 후 수많은 식물원에서는 린나이우스가 제안했던 꽃들로 꽃시계를 만들려고 시도했다. 서로 다른 꽃들이 저마다 차례로 활짝 피고 닫히면서 하루 중의 서로 다른 시간대를 표시하도록 하기 위한 것이었다. 예를 들어 방가지똥은 전형적으로 오전 5시에 꽃잎을 벌리고 정오에는 꽃잎을 다문다. 조밥나물은 밤 1시에 꽃잎을 펼치고 오후 3시에 꽃잎을 다문다. 가장 늦게 꽃잎을 오므리는 꽃으로 린나이우스가 추천한 것은 오전 7시부터 오후 8시까지 피어 있는 원추리였다. 그러나 계절과 날씨 변화 때문에 꽃시계는 관리하기가 무척 까다롭다.

경도 계산법 문제를 해결할 최고의 해법을 찾기 위한 경쟁이 공표되었고, 영국 의회는 무려 2만 파운드(오늘날의 가치로 환산하면 약 290만 파운드)라는 엄청난 액수의 상금을 내걸었다.

독학으로 공부한 목수이자 손목시계 제작공인 요크셔 출신의 존 해리슨John Harrison은 어떤 악조건에서도 시간을 알려줄 수 있고 따라서 보다 간단하게, 시간을 기준으로 한 경도 계산법을 도와줄 해양시계를 발명하는 과제에 도전했다. 그 과정에서 그는 기존 천문학계와 맞붙게 되었다. 그의 주요 경쟁자는 천문학자 네빌 매스컬린Nevil Maskelyne이었다. 매스컬린은 경도 계산을 위해 달까지

해리슨의 H4

의 거리를 사용하는 '월거법'을 쓰는 경도위원회의 막강한 지지를
받고 있었다.

해리슨은 40년에 걸쳐 다섯 개의 해양시계를 발명했다. 저마다
시계학의 새로운 지평을 연 걸작이었다. 그는 아름답게 장식된 커
다란 시계 H1으로 시작해 겉보기에는 단순한 H4와 H5(약간 큰 주
머니 시계 크기로 해상 여행의 충격에도 견딜 수 있었다)까지 만들어냈
다. H4를 가지고 자메이카까지 대서양 횡단 여행을 시험했을 때,
그 시계는 불과 5초 늦었을 뿐이었다. 그 배가 돌아왔을 때, 해리
슨은 2만 파운드를 받게 되리라고 기대했다. 그러나 일은 그렇게
되지 않았다. 경도위원회는 그런 정확성은 행운일 수 있으니 더
시험해봐야 한다고 우겼다.

H4는 두 번째 항해를 떠났다. 이번에는 카리브 해의 바베이도
스까지 가는 여행이었지만, 그 시계는 불과 39초 내의 오차로 정
확했다. 한편 이 두 번째 여행에는 네빌 매스컬린이 승선해 경도
계산을 위한 자신의 월거법을 시험했는데, 30마일 미만까지 정확
했다. 인상적인 결과였지만, 그러나 해리슨의 H4만큼 대단한 성과
는 아니었다. 더욱이 매스컬린이 사용한 계산법은 해양시계와는
달리 상당한 시간과 노력을 필요로 했다.

경도위원회는 이번에도 H4의 정확성은 행운이 따른 결과라고

주장하고 왕실 천문학자로 새로 임명된 네빌 매스컬린의 시험을 다시 거쳐야 한다고 요구했다. 당연한 일이지만 매스컬린은 해양 시계의 성능에 대해 아주 부정적인 보고서를 제출했고 해리슨이 상금을 받을 기회를 무산시켰다.

비록 기득권층으로부터 '극도로 혹사당한다'고 느꼈지만, 끈질긴 해리슨은 H5를 개발하기 시작했고 국왕 조지 3세에게 지원을 요청했다. 국왕은 직접 그 시계를 시험하고는 그 믿기 힘든 정확성에 놀라며 해리슨에게 의회에 상금 전액을 달라고 청원하라는 충고를 해주었다. 해리슨은 나이 80이 되어 마침내 경도 상금 8,750파운드를 받았으나 공식적인 상은 결코 받지 못했다. 그렇다고 다른 사람이 그 상을 받은 것도 아니었다. 3년 후인 1776년에 83세의 나이로 그는 세상을 떴다. 그러나 19세기 초에 해양시계는 해상 항해에서 경도 측정의 표준으로 사용되었다.

본 초 자 오 선   논 란

세계 항해라는 목적을 위해 본초자오선은 지구를 에워싸는 경도 0° 지점으로 정하기로 합의되어 있다. 적도가 지구를 남반구와 북반구로 나누는 것처럼, 이 가상의 선은 지구를 동반구와 서반

구로 나눈다. 그러나 적도의 위치가 정해진 것과는 달리, 본초자
오선의 위치는 임의적이다. 따라서 많은 나라들은 보이지 않는 이
0°의 선이 자기 나라 땅을 통과해야 한다고 주장했다.

처음 기록된 자오선은 서기 150년의 프톨레마이오스 세계지도
에서 찾아볼 수 있지만 경도 기준선에 관한 생각은 그보다 먼저
기원전 3세기부터 있었다. 프톨레마이오스 세계지도에는 우리 지
구의 약 4분의 1 부분이 등장한다. 서에서 동으로 스페인 앞쪽 대

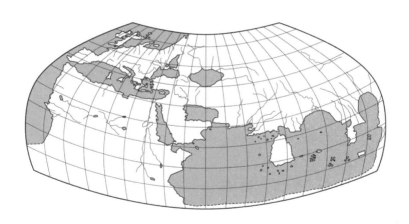

프톨레마이오스 세계지도, 서기 150년

서양에 있는 카나리아 제도부터 멀리 중국까지 표시되어 있다. 그리고 북으로는 북극권 아래부터 남으로는 아프리카의 위쪽 절반이 표시되어 있다.

이 지도에서 자오선은 카나리아 제도의 한 섬인 엘 이에로를 통과한다. 그 섬이 당시 알려진 육지에서 가장 서쪽에 있었기 때문이다. 프톨레마이오스 세계지도와 본초자오선의 위치는 지도 제작에서 매우 중요한 위치를 차지했고, 15세기말 콜럼버스를 비롯한 탐험가들이 새로운 땅을 발견하면서 알려진 세계의 크기가 급속히 넓어질 때까지 줄곧 영향을 미쳤다.

새로 발견된 땅을 둘러싼 스페인과 포르투갈 사이의 영토 분쟁을 해결하기 위한 조약이 체결되었다. 그때 콜럼버스의 조언에 따라 자오선의 중심은 약간 남동쪽으로 옮겨져 아프리카 서쪽 앞바다의 케이프베르데(카보베르데)가 됨으로써 토르데시야 선으로 알려지게 되었다. 그 후로도 200년 동안 이 선은 케이프베르데와 카나리아 제도 사이를 오락가락하다가, 영국인들이 경도 문제를 해결하기 위해 애를 쓴 끝에 그리니치를 본초자오선이 통과하는 지점으로 정했다. 영국인들이 수많은 해양 정보와 지침을 쏟아내면서 곧 그리니치 자오선이 표준이 되었다. 1884년, 국제자오선협의회International Meridian Convention가 워싱턴 DC에서 열렸고, 이때 그리니치를 사실상 본초자오선의 위치로 하자는 의견에 공식 합의가 이루어졌다. 그러나 프랑스인들은 1911년까지 계속해서 파리를 본초자오선으로 사용했다. 또한 그리니치 표준시GMT가 표준시로 정해져서 나머지 세계에서 그 시간을 기준으로 하루의 시간을 측정하도록 했다.

그리니치에서 본초자오선이 지나는 자리는 주요 관광 명소가 되었다. 사람들은 동반구와 서반구에 두 다리를 걸치고 사진을 찍기 위해 줄을 서곤 한다. 밤이 되면 그리니치 천문대에서는 오늘날 세계의 모든 지도에서 각과 측정을 결정하는 이 선을 자랑스레 표시하기 위해 녹색 레이저 빔을 하늘로 쏘아 올린다.

나폴레옹 혁명력

 표준 시간이나 표준 달력을 받아들이는 문제를 두고 논란을 삼는 나라는 없었다. 그러나 혁명 이후 표준 시간과 표준 달력과 단절하려고 시도했던 프랑스만은 예외였다. 프랑스 혁명력은 1793년부터 약 12년 동안 사용되었는데, 기본 단위로서 12 대신 10을 사용하는 십진법화를 수용하기 위한 노력인 동시에 종교적 관련성으로부터 달력을 분리하기 위한 노력의 일부였다.

혁명 정부는 몇 년 동안 그리스도교식 달력 체계를 버리고, 공화국 탄생(1792년을 1년으로 하는)에 맞춘 새 달력을 사용했다. 1년을 열두 달로 나누는 것은 유지되었지만, 각각의 달은 데카드 décade라고 불리는 10일짜리 일주일로 나뉘었다. 십진법을 사용해서 하루는 10시간으로 나누었는데, 각 시간은 십진법으로 100초가 1분이 되는 100분으로 이루어져 있었다. 그래서 새로운 한 시간은 60초짜리 60분이었던 옛날의 한 시간보다 두 배 이상 길었다. 심지어 분의 길이도 더 길어졌다. 1분은 60초가 아니라 86.4초였지만, 초 자체는 더 짧아져서 기존의 초로는 0.864초였다.

십진법 시간을 알리기 위한 새로운 시계들이 만들어졌지만, 시계공들에게 주문이 넘칠 만큼 쏟아지지는 않았다. 십진법 시간은 2년 동안 의무적으로 시행되다가 아이러니하게도 그것이 완전히 시간 낭비로 판명되어 1805년에는 전면 폐기되었다.

혁명력에서 '새로운' 달들의 이름은 자연과 날씨와 관련되어 실감 나고 알기 쉬웠다. 예를 들어 가을에 오는 달의 이름은 방데미에르(포도 수확), 브뤼메르(안개), 프리메르(서리) 등이었다.

10일짜리 일주일은 다소 편리한 점도 있었다. 프리미디(제1일), 뒤오디(제2일), 트리디(제3일) 등으로 나가다가 데카디(제10일)에서 끝나는데, 마지막 10일은 일요일에 해당하는 휴식의 날이었다.

프랑스인들은 과거 생활을 지배하던 가톨릭교회처럼 성자의 날을 채택하기보다는 1년의 각 날마다 동물, 식물/음식, 광물, 도구 등을 배치하는 체계를 채택했다. 예를 들어 방데미에르(제28일. 9월 22일에서 10월 21일 사이)는 토마토의 날이었고 프리메르(제5일.9월 21일에서 12월 20일 사이)는 돼지의 날이었다.

시간 종말 논란

 아브라함의 전통 종교(유대교, 그리스도교, 이슬람교)든 아니든, 세계적인 종교마다 '시간의 끝' 즉 세계의 종말에 대한 특별한 가르침이 있다. 여러 믿음 체계에서 시간의 끝은 보통 재난의 시기, 구원, 그리고(또는) 영원한 삶이 펼쳐지는 새로운 시기를 알리는 부활 등으로 특징지어진다.

로마의 유명한 신학자 히폴리투스Hippolytus를 비롯한 여러 사람들은 예수가 서기 500년에 돌아올 것이며 그가 재림해서 시간의 끝으로 인도할 거라고 예언했다. 기대와는 달리 그런 사건이 벌어지지 않자 교황 실베스테르 2세(946~1003)를 비롯한 사람들은 1000년 1월 1일을 종말의 날로 예언했다. 이 천년 묵시록의 예언 때문에 수많은 순례자들이 그리스도교 종말의 중심 지점인 예루

살렘으로 떠났다.

그러나 이 날에도 아무 일이 일어나지 않자, 나머지 그리스도교인들은 종말은 예수 탄생 1,000주년이 아닌 예수 사망 1,000주년인 1033년에 일어날 거라고 생각했다. 이 기념일 테마를 계속 살리기로 결정한 사람들은 그 다음으로 주목해야 할 확실한 해는 2000년이라고 보았다. 그러나 적그리스도와 싸우기 위해 예수가 다시 돌아올 가능성보다는 핵무기로 인한 대학살과 소행성의 충돌에 대한 음울한 묵시록적인 전망이 더 두드러져 보이는 경향이 있었다. 그리고 많이 예견되었던 기술적 재앙인 Y2K의 전망도 세계를 뒤흔들었다.

최근에는 수없이 많은 예측이 쏟아졌다. 대형 강입자 가속기에 대한 두려움은 지구가 블랙홀에 의해 삼켜질 거라는 묵시록적인 전망을 불러왔다. 또한 미국의 그리스도교 라디오 진행자 해럴드 캠핑Herold Camping은 2011년 5월 21일에 '휴거'가 일어날 거라고 주장했다. 그는 그 날이 오면 세계 인구의 3퍼센트 정도는 하늘로 승천할 것이며 나머지 사람들은 3개월 후인 8월 21일에 지구와 함께 끔찍하게 죽어갈 것이라고 예언했다. 캠핑은 이미 그 전에도 휴거가 1994년 9월에 일어날 거라고 말한 적이 있었다. 캠핑은 약간 빛바랜 그 주장을 세 번째로 내세우기보다는 종말의 날짜를 알아내려 했던 자신의 시도가 '죄 받을' 짓이었으며 자신이 예언할 날도 얼마 남지 않았다고 선언했다.

한편 마야 묵시록에 관한 이야기에 불안해하는 사람도 많았다. 마야 묵시록은 돌에 새겨진 문자를 아주 주관적으로 해석한 내용에 근거하고 있었다. 그에 따르면 세계가 2012년 12월 21일에 멸망한다고 했지만 그 예언 역시 빗나갔다.

과학적인 합리주의자였던 뉴턴 또한 말년에는 연금술(값싼 금속을 금으로 만들려는 기술)과 성서 연대학을 연구하면서 세계가 2060년 이후 종말을 맞을 거라고 계산했다. 그러나 그는 세계가 실제로 멸망할 시기를 확실하게 말하지는 않으려 했고 대신 이렇게 썼다. "내가 말하는 이것은 종말의 시간이 언제가 될지 주장하기 위함이 아니라, 사람들이 빈번하게 종말의 시간을 예측하고, 그럼으로써 그들의 예측이 실패하는 만큼이나 성스러운 예언들도 자주 불신을 사게 되기 때문에, 공상가들의 경솔한 추측을 멈추게 하기 위한 것이다."

서기 3000년을 둘러싼 수그러들지 않는 묵시록적인 예언들도 그리스도교, 무슬림, 유대교 신학자들 사이에 무성하다. 그러나 과학자들은 종말의 날짜에 관해서 훨씬 더 너그러운데, 지구는 적어도 앞으로 50억 년 정도는 계속 존재할 거라고 예견한다. 그때

쯤 가서 지구는 태양에게 삼켜질 가능성이 높다는 것이다. 그러나 그 전에, 태양이 점점 뜨거워지기 때문에 불과 10억 년쯤 후에는 지구상에 생명이 존재하지 못하게 될지 모른다. 한편 '빅립Big Rip'이론은 우주 전체가 계속 팽창하다가 결국 약 220억 년 후에는 산산조각 날 거라고 주장한다.

시간 여행을 위한 귀띔

전생퇴행 최면법

의심은 일단 접어두고 최면술사를 만나기로 예약을 하자. 최면술사가 당신을 비몽사몽 최면 상태로 유도하는 동안 당신은 편안한 가죽 소파에서 과거의 시간으로 여행할 수 있을지도 모른다.

전생퇴행 최면법을 실시하는 최면술사는 우리가 잊어버렸거나 억눌러왔던 과거 기억 속으로, 또는 더 이전의 전생으로 돌아가서 오래전에 전혀 다른 몸으로 살다가 죽었던 기억을 살려 생생하게 다시 체험할 수 있다고 믿는다.

설사 최면을 받는 사람이 자기 자신이 한 말을 믿지 못한다고 해도, 상상력의 생생함을 깨닫고, 경이롭고 복잡한 마음속 깊숙이 숨겨두었던 보물을 발견하게 될 것이다.

Modern Times

철도 여행과 표준시

 앞 장에서 우리는 그리니치가 어떻게 시간 계측의 중심 이자 경도 0°의 중심이 되었는지 알아보았다. 그러나 이 런 진전에도 불구하고 '표준시'라는 개념이 정착되기까지는 또다 시 150년의 시간이 흘러야 했다. 그것은 철도가 등장하면서 비로 소 가능해진 일이었다.

증 기 기 관 차

철도 여행, 다시 말해 어떤 목적으로 만들어진 면―레일―을 따 라 물건을 끌고 간다는 생각의 기원은 기원전 6세기 고대 그리스 까지 거슬러 올라간다. 6킬로미터에 걸쳐 석회암 표면에 홈을 파낸 디올코스 '마차길'은 600년 넘게 (노예들이 화차를 밀어서) 화물을 운반하는 데 쓰였다. 트랙이나 홈을 이용한 선로는 14세기에 등장했고 16세기에는 목재 레일이 있는 좁은 궤도의 철도가 유럽 곳곳의 광산에서 널리 사용되고 있었다.

영국은 더욱 야심차게 노선 개발에 앞장섰다. 17세기까지는 광산에서 운하까지 석탄을 운반하기 위한 목재 마차길이 널리 사용되고 있었고, 18세기에는 말이 기차를 끄는 철도가 곳곳에서 등장했다. 산업혁명 시기에 증기기관이 발명되었다. 1825년에는 조지 스티븐슨George Stephenson이라는 한 엔지니어가 잉글랜드 북동부의 스톡턴에서 달링턴 철도를 달리는 증기기관차 '로코모션'을 제작했다. 이것이 세계 최초의 증기기관차였다. 이 증기기관차는 1830년에 리버풀에서 맨체스터까지 개통된 도시 간 철도 노선에서 승객을 수송했다.

스티븐슨이 만든 증기기관차는 곧 영국 전역은 물론 미국, 유럽에서 사용되었다. 1850년대 초가 되자 영국의 총 연장 철도 길이는 1126.5킬로미터가 넘었다.

미국에서는 땅이 엄청나게 넓기 때문에 철도 건설이 훨씬 더 힘들었지만, 서부로 가는 길이 열리기를 바라던 선구적인 사업가들에게 철도는 매우 중요한 수단이었다. 미국은 영국의 철도 발전을

초기의 증기기관차

주의 깊게 지켜보면서 1830년대와 1840년대에 처음으로 협궤 철도를 개통했지만 1850년대부터 1890년대 사이에 철도 건설이 빠르게 확대되면서 세계 총 철도 노선의 3분의 1을 보유하게 되었다. 최초의 대륙횡단 철도는 남북전쟁이 끝난 후인 1869년에 때맞춰 완공되어 처음으로 미국을 하나로 이어주었다.

표준시와
기차 시간

유럽과 아메리카 전역에서 철도 건설이 급증하면서, 철도를 효율적으로 운행하기 위해서는 표준시가 필요해졌다.

그리니치 표준시는 1847년 12월 11일 영국 철도 체계에 공식적으로 처음 사용되었다. 모든 열차에 그리니치 표준시에 맞춘 휴대용 정밀 시계가 있었다. 그리고 이른바 '철도 시간'을 더욱 쉽고 정확하게 맞추기 위해 그리니치의 왕립 천문대는 1852년 8월부터 시보를 전보로 전송하기 시작했다.

그러나 미국 철도 체계에서 현지 시간을 표준시로 대체하기까지는 그 후로도 다시 30여 년이 걸렸다. 미국의 여러 철도 회사들은 자기들만의 표준 시간을 정했다. 대표적인 표준이 뉴욕 시간, 펜실베이니아 시간, 시카고 시간, 제퍼슨시티(미주리 주) 시간, 샌프란시스코 시간이었다. 더욱이 너무나 많은 '현지' 시간들이 경쟁하듯 나란히 사용되고 있었기 때문에, 상황은 더욱 혼란스러웠다.

1883년 10월, 미국과 캐나다의 모든 철도 회사 대표들이 시카고에서 회의를 열고 4개 시간대를 표준으로 채택하기로 합의했다(현재는 5개 시간대가 쓰이고 있다). 1883년 11월 18일, 모든 철도가 각각의 위치에 따른 상대적 시간대에 따라 시계를 맞추기는 했지만, 미국에서 표준시가 법률로 채택된 것은 1918년의 일이었다.

철도는 이런 나라들을 누비며 말 그대로 표준시를 싣고 다녔다. 그리고 몇 년 후에는 모든 시간이 표준시에 맞춰졌다. 다만 영국 우체국 시간은 예외였는데, 우체국에서는 1872년까지 그리니치 표준시가 아닌 '런던 시간'이 계속 사용되었다. 영국에서 그리니치 표준시를 법정 시간으로 정한 것은 1880년이었다.

시 간 대

세계에는 현재 24개의 시간대가 사용되고 있다. 각각의 시간대는 추상적인 선인 경도를 사용해 경계선을 정하는데, 경계선마다 그리니치 표준시 즉 GMT를 참고 시간 또는 '오프셋' 시간으로 삼는다. 그리니치를 기준으로 각각 서쪽과 동쪽으로 경도가 15도 바뀔 때마다 GMT에 (동쪽의 경우) 한 시간을 더하거나 (서쪽의 경우) 빼는 식이다. 경도 360°는 결국 24시간을 더하게 된다.

일부 국가와 준주에서는 시간대와 경도 경계선을 해석하는 방식에 따라 시간대의 구분이 조금 유연하게 바뀌기도 한다. 세계에서 가장 인구가 많은 두 나라인 중국과 인도는 방대한 영토 전역에 단 하나의 시간대를 적용하고 있다(중국의 시간은 곧 다루기로 하자). 인도는 경도선에서 30분 차이를 둔 시간을 사용하는데, 뉴펀들랜드, 이란, 아프가니스탄, 베네수엘라, 미얀마, 마르키스 제도, 그리고 오스트레일리아 일부도 마찬가지다. 네팔, 채텀 제도

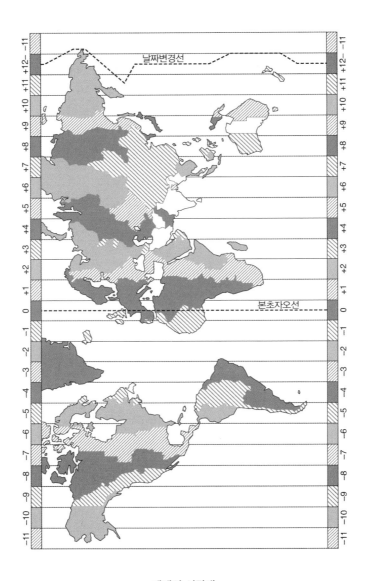

날짜변경선

본초자오선

세계의 시간대

등을 포함한 나머지 국가와 지방에서는 15분 차이를 둔 시간을 사용한다.

협 정 세 계 시

보통 UTC로 불리는 협정세계시 체계는 대체로 그리니치 표준시의 연장이라 볼 수 있으며 일반인들에게는 그리니치 표준시와 협정세계시가 거의 같은 의미로 서로 바뀌어 쓰이기도 한다. 협정세계시를 앞장서서 도입한 것은 국제천문연맹이었다. 국제천문연맹은 지구의 자연적인 '워블'(요동)—그리고 조수가 끄는 현상으로 인해 지구 자전 속도가 조금씩 바뀐다는 사실—을 고려해 더 안정적이고 정확한 표준을 요구했다.

협정세계시Coordinated Universal Time의 줄임말이 CUT가 아니라 UTC가 된 것은 조금 이상해 보일 수도 있다. 협정세계시는 프랑스어로는 Temps Universel Coordonné 즉 TUC가 되는데, 프랑스의 양보로 Universal Time Coordinated 또는 프랑스어로 Universel Temps Coordonné가 되어, 줄임말이 UTC가 된 것이다. 그러나 정식으로 말할 때는 Coordinated Universal Time가 가장 흔히 쓰인다.

아직 모르는 사람이 많겠지만, 그리니치 표준시는 1972년부터 세계의 '공식' 시간 표준으로 쓰이지 않게 되었다. 협정세계시는 많은 원자시계들이 맞춰진 시간으로, 전 세계 49개 지역에 모두 260개의 원자시계가 협정세계시를 사용한다(조만간 원자시계는 더 늘어날 것이다). 이 모든 원자시계의 기준이 되는 시계는 워싱턴 DC의 미 해군관측소에 있다. 그러나 이 시계가 초록잎 무성한 역사적이고 아름다운 그리니치만큼 시간의 중심으로서 사람들의 상상력을 사로잡을 것 같지는 않다.

중국의 시간

거대한 땅덩어리로 이루어진 나라인 현대 중국은 엄밀히 말해 지리상으로 다섯 개의 시간대에 걸쳐 있지만, 사용하는 시간대는 하나이다. 공식적으로 중국 전체는 그리니치 표준시(또는 협정세계시)보다 8시간 앞선다. 중국에서 다섯 개의 시간대가 아닌 한 개의 시간대를 사용하기로 결정한 것은 중국 내전으로 중화민국이 막을 내리고 중화인민공화국이 시작된 1949년의 일이었다. 이로써 새로운 공산주의 시대가 열리면서, 중국은 베이징 시간으로 알려진 하나의 시간대로 통합되었다. 그러나 지역 시간의 필요성은 계속 남아 있어 중국 서부 지역에서는 베이징보다 두 시간 반이 늦은 지역 시간이 비공식적으로 사용되고 있다.

메카 자오선

 세속적이고 행정적인 목적을 위해 그리니치를 본초자
오선의 위치로 정하자는 데에는 대체로 합의가 이루어
졌지만, 세계 곳곳에는 그밖에도 많은 자오선이 있다. 그 가운데
가장 흥미로운 것은 성지와 관련된 것들이다.

예를 들어 세계에서 가장 크고 가장 웅대한 기자의 대 피라미
드는 19세기 말까지도 자오선이 통과하는 지점으로 가장 유명하
고 인기 있는 곳이었다. 예루살렘의 성묘교회는 열성 그리스도교
도에게는 인기 있는 자오선 지점이지만 세계적으로 인정되지는 않
았다. 그러나 더욱 최근에는 이슬람 세계의 중심지인 메카가 새롭
고 합당한 본초자오선 지점으로 제시되고 있다. 메카 자오선의 시
간은 협정세계시에서 2시간 39분 18.2초를 더한 시간이다.

메카를 본초자오선의 중심 지점으로 정해야 한다는 견해는 2008년에 제기되었다. 이슬람 성직자들이 카타르의 도하에서 만나 '메카: 지구의 중심, 이론과 실제'라는 제목의 특별 회의를 열었다. 그 후 2010년 8월 라마단이 시작될 때 메카에서 세계에서 가장 큰 시계(이후 더 큰 시계들이 나왔다)가 메카 시간을 알리면서 돌아가기 시작했다. 사실 메카 시간은 그 자체의 기준을 쓴다기보다는 그리니치의 자오선에서 기준을 따온 것에 불과하다.

서머타임

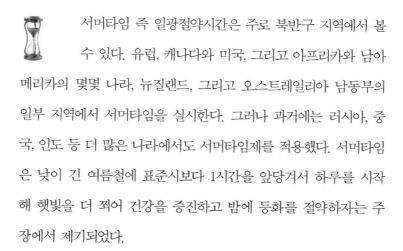 서머타임 즉 일광절약시간은 주로 북반구 지역에서 볼 수 있다. 유럽, 캐나다와 미국, 그리고 아프리카와 남아메리카의 몇몇 나라, 뉴질랜드, 그리고 오스트레일리아 남동부의 일부 지역에서 서머타임을 실시한다. 그러나 과거에는 러시아, 중국, 인도 등 더 많은 나라에서도 서머타임제를 적용했다. 서머타임은 낮이 긴 여름철에 표준시보다 1시간을 앞당겨서 하루를 시작해 햇빛을 더 쬐어 건강을 증진하고 밤에 등화를 절약하자는 주장에서 제기되었다.

서머타임은 20세기 초 제1차 세계대전 중에 독일과 그 동맹국들이 석탄을 비롯한 여러 에너지원을 절약하기 위한 방법으로 처음 도입했다. 이들의 적인 영국, 프랑스 등등은 이것이 좋은 아이

디어라고 생각해 서머타임을 따라 했고, 전쟁의 주변부에 있던 많은 중립국들도 그 예를 따랐다. 1918년까지는 러시아와 미국 역시 서머타임 시간제를 채택했다.

전쟁이 끝난 후 많은 나라는 서머타임제를 포기했지만, 영국, 프랑스, 아일랜드와 캐나다는 예외였다. 그러나 나머지 나라는 변동이 있었다. 그러다가 제2차 세계대전이 일어나면서 다시 한 번 광범위하게 채택되었다. 1970년대에 에너지 파동이 일어나자 전등에 사용되는 연료의 양을 줄이기 위해 봄에 시간을 한 시간 늦추는 서머타임제가 다시 크게 인기를 끌었다.

패션 필수품 손목시계

17세기 주머니 시계의 유행이 남성용 조끼 패션의 유행
과 함께 시작되었다는 것은 앞에서 살펴보았다. 그리고
몸통 위로 황금 체인을 늘어뜨린 돈 많은 상류층의 이미지는 그
시기부터 20세기 초까지 대중문화에서 친숙한 이미지였다. 그러
나 점점 더 많은 시계가 생산되고, 시계 제작 기술이 계속 발전함
에 따라, 주머니 시계는 부유한 사람들만이 자랑스레 내보이는 물
건에서 거의 누구나 가질 수 있는 물건이 되었다. 시장을 계속 활
기차게 유지하기 위해서는 주머니 시계가 기능적이면서도 멋있는
물건으로 계속해서 진화해야 했다. 결국 20세기 초에는 손목시계
가 등장해 패션에서 꼭 있어야 할 필수품으로 자리잡았다.

새 시계

파푸아뉴기니의 칼룰리족은 여전히 '새 시계'에 맞춰 생활한다. 이른 아침에는 특정 새들이 일어날 시간을 사람들에게 알려주고 오후에는 다른 새들이 집으로 갈 시간을 알려준다. 덕분에 사람들은 날이 어두워지기 전 길이 잘 보일 때 안전하게 마을로 돌아갈 수 있다.

물론, 서구의 시골 지역에서도 여전히 수탉 소리가 아침의 시작을 알려주지만, 만일을 위해 수탉 소리 외에도 자명종 시계를 갖춘 곳이 많을 것이다. 수탉이 아침을 알리는 시계 역할을 하는 것은 닭도 사람과 마찬가지로 '생체' 주기—하루 24시간과 밀접하게 관계된 생물학적 과정—가 있기 때문이다. 낮의 광주기는 닭의 심장, 뇌, 간 등의 기능에 영향을 미치는데, 수탉의 경우 우는 습관과 관련이 있는 테스토스테론에 영향을 준다.

닭들은 계절의 변화나 거주하는 지표면의 변화에 따른 빛의 세기에 반응해 홰를 치거나 우는 패턴을 바꾼다고 알려져 있다. 인도 북부 산악지역의 수탉들은 해 뜨기 2시간 전에서 3시간 전에 울기 시작한다는 사실이 밝혀졌다. 그리고 해는 보이지 않더라도 해가 뜨는 시간이 가까워질수록 닭 울음 사이의 시간이 점점 짧아졌다고 한다.

손 목 시 계   제 1 호

이야기는 1904년으로 거슬러 올라간다. 조종사 알베르토 산토스-뒤몽Alberto Santos-Dumont은 비행기를 조종하면서 주머니 시계를 보기가 불편했다. 그는 시계 제작공인 친구 프랑스인 루이 카르티에Louis Cartier에게 비행 중에 쉽게 볼 수 있는 시계를 만들어달라고 부탁했고 그렇게 해서 최초의 손목시계가 탄생했다. 그러나 엄밀히 말하면 그것이 최초의 손목시계는 아니었다. 스위스인 손목시계 제작공인 파테크 필리프Patek Philippe가 1860년대에 도시 여자들을 위해 시간을 알려주는 맵시 있는 장신구로 '숙녀용 팔찌 시계'를 만든 적이 있기 때문이다. 그러나 카르티에의 손목시계 디자인은 파테크 필리프를 비롯한 다른 시계공들이 꿈에서도 생각하지 못할 만큼 엄청난 인기를 끌었다. 그리고 마침 일어난 전쟁이 손목시계가 보급되는 데 크게 유리하게 작용했다.

제1차 세계대전 중에 서머타임제가 처음으로 널리 실시된 데다가 장교들이 전장에서 차기에는 손목시계가 훨씬 더 편리했기 때문에 손목시계의 인기가 치솟았던 것이다.

사 치 품 시 계

예전의 주머니 시계가 그랬듯이, 처음 만들어지기 시작한 무렵의 손목시계는 값이 비쌌기 때문에 중산층과 상류층만이 찰 수 있는 배타적인 품목이었다. 남성용 손목시계의 '발명가' 루이 카르티에는 1911년 각계의 명사들을 위한 최초의 '산토스' 시계를 출시했다. 이어서 1912년에는 지금까지도 팔리고 있는 두 모델인 '베누아'와 '토르투'를 내놓았다. 전쟁으로 손목시계 수요가 크게 치솟자, 카르티에는 약간 남성적 느낌이 나면서 지금도 인기 있는 '탱크' 모델을 출시했다.

카르티에 회사는 오늘날까지도 명품 브랜드로 남아 있다. 고가의 손목시계와 보석류를 팔고 있는 카르티에 웹사이트에 들어가 보면, 가장 저렴한 단정한 디자인의 손목시계 단가가 1,600파운드이다. 반면 가장 비싼 시계의 가격은 밝혀놓고 있지 않은데 직접 문의해봐야 한다. 진열된 시계 가운데 가장 고가의 제품은 다이아몬드가 박힌 화이트골드 시계로 자그마치 5만 파운드나 된다.

명품 손목시계 브랜드 중 가장 호화로운 브랜드들의 온라인 카탈로그들을 훑어보면 하나같이 가격은 밝히지 않고 있는 걸 알 수 있다. 가장 배타적인 회사들 가운데서도 단연 최고는 매우 오래된 스위스 회사들이다. 타그 호이어, 바셰론 콘스탄틴, 브라이틀링, IWC, 제니트, 오데마 피게, 지라르 페르고, 블랑팡, 파테크 필리프, 피아제 등이다. 그렇게 특별한 손목시계들에 가격을 매기는 것은 분명 점잖지 못한

일일 것이다.

상대적으로 강철과 단순한 금이 가장 싼 재료이다. 그러나 화이트 골드, 옐로 골드, 핑크 골드만 되어도 가격이 치솟고, 보석류나 백금, 티타늄, 팔라듐 등이 들어가면 가격은 하늘 높은 줄 모르고 올라간다.

가장 값비싼 시계

이 글을 쓰는 현재 판매 중인 가장 비싼 손목시계는 쇼파르 201 캐럿 워치로 가격은 무려 2,500만 달러에 이른다. 이 시계는 세계에서 가장 끔찍하게 생긴 시계 중 하나이기도 하다. 현란한 보석들이 반짝이는 흐릿한 형체 어딘가에 작은 시계 문자반이 박혀 있는데, 이것만 보면 시계를 어떻게 차는지 방법을 알 수도 없다. 흥미롭게도 세계에서 두 번째로 비싼 시계는 1933년 파테크 필리프가 만든 주머니 시계인데, 가격은 1,100만 달러이다. 사실 오래된 파테크 필리프 손목시계들은 경매에서 어김없이 수백만 달러에 낙찰되곤 한다. 카르티에의 기분이 어떨지는 상상에 맡긴다.

지난 1999년의 소더비 경매에서는 1705년에 나온 토머스 톰피온 탁상시계가 200만 달러에 낙찰되었는데, 만약 요즘 다시 경매에 나온다면 훨씬 더 높은 가격에 거래될 가능성이 높다. 그러나 현재 손목시계가 아닌 일반 시계의 가격 기록은 아브랑-루이 브레게가 만든 프랑스 디자인이 보유하고 있다. 1795년에 만들어진 이 시계는 보기 드문 '생파티크' 시계로 현재 가치는 680만 달러이다.

스마트한 시계들

　20세기의 물리학 발전은 시간 계측에 혁명을 불러와
시계들이 실로 굉장히 똑똑해졌다. 우리가 시간을 이
야기하는 방식을 영원히 바꾸어놓은 중요한 발전을 살펴보자.

피에르 퀴리와
압전기

　일부 단단한 물질들—크리스털, 세라믹, 뼈 같은 생체물질 등—
은 전하를 축적하고 저장한다. 압전기 또는 피에조 전기('눌러 짜
다'piezoelectricity는 뜻을 가진 그리스어에서 나온 말로 에너지를 압착해서
방출한다고 해서 붙인 이름이다)라고 알려진 이것은 1880년 자크 퀴

리와 피에르 퀴리(마리 퀴리의 남편) 형제가 발견해서 존재를 입증했다. 이들은 크리스털(석영을 포함한), 사탕수수, 로셀염 등에 기계적 힘을 가하면 전하가 발생될 수 있다는 것을 보여주었다.

그 후 압전기는 제1차 세계대전 중에 개발된 음파 장비에 사용되었는데, 초음파 잠수함 탐지기, 포토 카트리지, 전화 장비, 항공무전 등 여러 혁신적인 신기술에 사용되었다. 그러나 우리에게 더욱 중요한 것은 오늘날 대부분의 손목시계를 작동시키는 수정 발진기에 동력을 공급하는 것이 압전기라는 것이다.

수 정 시 계

수정은 1960년대 이후 탁상시계, 손목시계에 사용되어왔다. 수정은 전기 자극을 가하면 진동하는데, 수정을 적절하게 자르면 그 주파수를 원하는 대로 조정할 수 있다. 시계에 들어가는 수정은 작은 소리굽쇠 모양으로 잘라서 조작해 32,768Hz의 주파수—1초짜리 펄스에 해당하는—로 진동하게 만든다. 이것은 매우 정확하고 혁명적인 시간 계측 방법이다.

최초의 수정시계는 1927년에 개발되었고 미국 연방표준국은 1929년부터 1960년대까지 미국 전역의 표준시간을 계측하는 데 수정시계를 사용했다. 최초의 수정 손목시계는 1969년 크리스마스에 맞추어 출시되었는데, 작은 자동차 가격에 맞먹을 만큼 비쌌다. 매우 고가임에도 세이코의 아스트론 모델은 잘 팔렸고, 연구와 개발을 거쳐 수정 손목시계는 곧 대다수의 사람들이 구할 수 있을 만큼 값이 싸졌다.

원 자 시 계

석영 진동자는 여전히 시계와 손목시계에 널리 쓰이고는 있지만, 더 이상 표준시간을 계측하는 시계에는 사용되지 않는다. 앞에서 협정세계시간은 전 세계 49개 지점에서 모두 260개의 원자시계에 의해 계측되어 유지되고 있으며, 이 모든 시계 가운데 워싱턴 DC에 있는 미 해군 관측소에 있는 원자시계를 기준으로 삼는다고 이야기했었다. 그런데 원자시계가 무엇일까?

원자시계는 3,000만 년에 1초의 오차밖에 나지 않을 만큼 정확하다. 1930년대와 1940년대 입자물리학 연구에서 태어난 원자시계는 시간을 계산하기 위해 원자 속의 전자들이 방출하는 미세한 진동을 이용한다. 원자는 1초에 9,192,631,770회 진동한다. 정확한 최초의 원자시계는 1949년 미국인 물리학자 이지도어 라비|Isidor

Rabi(1898~1988)가 발명했다.

원자시계는 텔레비전 방송의 파동 주파수와 전 세계 위성항법 시스템—자동차나 휴대전화의 위치 확인 시스템 즉 GPS에 데이터를 보내주는—의 주파수를 조정하는 데 쓰인다.

오메가 스피드매스터와 NASA

2013년, 대중적인 남성용 보디 스프레이 브랜드인 링크스는 경쟁이 치열한 미국 슈퍼볼 광고 시간에 새로운 광고를 공개했다. 이 광고에는 바다에서 상어의 위협을 받는 아가씨를 구하기 위해 물에 뛰어든 조각 같은 몸매의 용감한 구조요원이 등장한다. 구조요원이 상어를 물리치고 젊은 아가씨를 해변으로 데려온 후, 이들에게 달콤한 순간이 펼쳐질 때, 아가씨가 우주복을 입고 다가오는 한 남자를 본다. 그녀가 구조요원을 버리고 우주비행사의 품으로 달려갈 때 화면의 자막이 나타난다. '우주비행사를 이기는 건 없습니다.'

그러나 사실을 말하자면, 1960년대 말의 오메가 스피드매스터 광고의 놀라운 성공을 이기는 것은 없다. 우선 이 시계는 우주비행에 준비된 시계로 NASA의 승인을 받았고, 1965년 제미니 4호 임무에서 미국인이 최초의 '우주 유영'을 할 때 찼던 시계였다(우주비행사 에드워드 H. 화이트Edward H. White가 20분 동안 우주선 바깥 우주 공간을 떠다녔다). 그런 다음에는 다름 아닌 닐 암스트롱Neil Armstrong이 달에 첫 발을 디딜 때 이 시계를 차고 있었다.

양 자 시 계

원자시계의 가까운 친척뻘 되는 양자시계는 알루미늄과 베릴륨 이온을 전자기장 트랩 안에서 한데 가두어놓고 절대 영도에 가까운 온도로 냉각시킨다. 솔직히 나는 이것이 진동과 관련이 있다는 것 말고는 무슨 소리인지 더는 아는 척할 수가 없다. 하지만 그것이 현재 표준시를 맞추기 위해 쓰이는 원자시계보다 더 정확한— 37배 더 정확하다는 것은 분명하다—양자시계를 만든다는 것은 알고 있다. 초특급으로 정확한 이들 시계 중 가장 정확한 양자시계가 2010년 2월에 미국 국립표준기술연구소의 똑똑한 사람들에 의해 만들어졌다. 이 시계는 단 하나의 알루미늄 원자를 사용하며 37억 년에 단 1초의 오차를 보일 것으로 기대되고 있다. 그러나 그 오차를 어떻게 추적할 것인지는 전혀 다른 문제다.

Y2K 소동

3,000만 년에 1초 틀릴 정도로 정확하다는 원자시계 같은 복잡하고 정확한 발명품 이야기를 읽다 보면 Y2K처럼 상대적으로 어리석은 문제를 이해하기는 힘들다. '밀레니엄 버그'로도 알려진 Y2K는 우리 모두의 종말이 될 예정이었다. 왜냐하면 우리의 컴퓨터 기술은 1999년 12월 31일에서 2000년 1월 1일로 날짜가 바뀌는 것을 처리하도록 프로그램되어 있지 않았기 때문이다. 대부분의 컴퓨터는 날짜 표시에 두 자릿수 체계를 사용해 연도 표시를 1999가 아닌 99로 나타내기 때문에, 그 수가 00으로 바뀌면 전 세계 컴퓨터 시스템에 대 혼란과 혼돈이 생길 거라고들 생각했다. 그래서 1990년대 말이 되자 시스템들이 서둘러 업그레이드되었지만, 그렇다고 해서 현대 문명의 종말을 예고하는 미디어의 광증을 멈추지는 못했다.

사람들은 음식을 사재기하기 시작했고 목전에 닥친 이 기술적인 대재앙으로부터 구해달라고 기도했다. 그러나 그 날이 되었지만 어디에서도 대재앙은 보이지 않았다. 작동을 멈춘 컴퓨터들이 일부 있기는 했지만, 정확히 그런 경우가 얼마나 되었는지는 알려지지 않았다. 아마도 인정하기에도 쑥스러울 만큼 사소한 숫자였기 때문일 것이다. 그렇다고는 해도 '밀레니엄 버그'의 결과로 몇몇 두려운 사건이 일어나기는 했다. 일본에서는 방사선 경보 장비가 작동하지 않았고 어느 핵발전소에서는 자정이 막 지난 뒤에 경보가 울려 사람들을 공황 상태로 몰아넣었다. 오스트레일리아에서는 두 개 주에서 버스의 승차권 확인 기계가 작동하지 않았고 미국의 델라웨어에서는 일부 슬롯머신이 멈추는 비교적 가벼운 사고가 있었다.

협정세계시를 알리는 대표 원자시계를 운영하는 미국 해군관측소는 웹사이트에 2000년 1월 1일에 엉뚱한 날짜-19100년-를 대신 올렸고 프랑스의 국립 기상예보센터에서도 그런 일이 있었다. Y2K에 대처하기 위해 전 세계적으로 쏟아부은 비용은 3,000억 달러가 넘었다.

시간 관련 공식 기록들

 지금까지 이 책에서는 시간과 시간 계측의 역사를 살펴보고, 테크놀로지에서 일어난 경이적인 몇몇 발전과 바보 같은 몇몇 사건들까지 소개했다. 그러나 다음 장에서 미래로 넘어가기 전에, 지금 우리가 있는 현재를 찬찬히 살펴보면서 깜짝 놀랄 만한 몇 가지 기록을 알아보기로 하자.

지금껏 측정된
가장 짧은 시간

지난 2004년, 과학자들은 역사상 가장 짧은 시간 간격 즉 100 아토초를 측정했다고 발표했다. 아토초attosecond란 100경분의 1초를 말한다. 1아토초와 1초의 관계는 1초와 약 317억 1,000만 년—보통 우주의 나이로 치는 시간의 두 배가 넘는—의 관계와 같다. 만약 측정된 100아토초를 계속 늘여서 1초 동안 지속되게 하려면, 같은 척도상으로는 3억 년이 걸릴 것이다. 정말 어마어마하지 않은가!

오늘날 우리가 일상생활에서 아토초에 관한 이야기를 들을 기회는 거의 없지만, 밀리초, 마이크로초, 나노초 등은 이미 일상생활에 들어와 있으며 미래에는 이런 단위가 점점 더 중요하게 여겨질 것이다.

우선은 초 자체부터 생각해보자. 앞의 3장에서 우리는 12진법과 60진법의 시간 셈법이 오랜 기원을 가지고 있으며 거기에서 어떻게 초라는 개념이 등장했는지 이야기했다(하루는 24시간, 1시간은 60분, 1분은 더 작은 단위 60개 즉 60초). 1960년까지 초는 평균태양일의 86,400분의 1로 규정되어 있었으나, 지금은 원자시계로 초를 측정하고 원자의 진동으로 규정하기 때문에 1초는 원자가 9,192,631,770번 진동하는 시간에 해당한다.

작은 단위에 이처럼 큰 수가 등장하지만 우리가 살펴볼 수 있는 작은 단위들은 더 있다. 1밀리초millisecond는 1,000분의 1초, 다시 말해 깔따구가 한 번 날갯짓하는 시간이다. 밀리초는 사람 머

리보다 훨씬 빠르게 돌아가는 컴퓨터의 작동을 측정하는 데 간편하게 쓰인다. 예를 들어 컴퓨터 모니터의 반응 시간은 대체로 2~5밀리초이다.

마이크로초microsecond는 100만분의 1초, 또는 1,000분의 1밀리초에 해당한다. 사람이 눈을 한 번 깜박이는 데에는 약 35만 마이크로초가 걸린다. 마이크로초와 나노초nanosecond(자그마치 10억분의 1초)는 광속과 소리 주파수를 측정하는 데 쓰인다. 또한 피코초picosecond(1조분의 1초)와 펨토초femtosecond(1,000조분의 1초) 등이 있는데, 분자 속 원자의 진동 같은 것을 측정하는 데 쓰인다.

가 장 오 래
작 동 하 는 시 계

적어도 우리가 알기로 가장 오랫동안 작동하고 있는 시계는 뉴질랜드 오타고대학교 물리학부 로비에 있는 '베벌리 시계'이다. 1864년에 아서 베벌리Arther Beverly가 제작한 이 시계는 단 한 번도 수동으로 태엽을 감은 적이 없다. 이 시계의 내부 장치는 기압 속의 진동과 매일의 기온 변화로 일어나는 영구적인 운동에 의해 돌아간다. 1세제곱 피트의 밀폐 상자 속에 담긴 공기가 기온 변화

의 영향으로 팽창하거나 수
축되면서 시계의 내부 진동
판을 밀어낸다. 하루 중의 온
도가 6℃ 달라지면 인치당 1
파운드의 무게를 밀어올릴
만큼 충분한 압력이 발생해
시계 장치가 계속 작동하게
된다.

　사실 이 시계는 한 번도 태
엽을 감아준 적이 없지만 몇
번 섰던 적은 있다. 시계 장치를 청소해야 했을 때나 수리가 필요
했을 때, 그리고 시계 동력을 발생시킬 만큼 기온 변화가 충분하
지 않았을 때 등이었다.

　영국의 옥스퍼드대학교에는 옥스퍼드 전기벨, 즉 '클래런던 드
라이 파일'이 있다. 이것은 1840년 이후 계속해서―사실은 거의 계
속해서―울리고 있는 실험적인 전기벨이다. 이 벨이 있는 건물에
서 지내는 나머지 사람들에게는 다행이지만, 벨 주변에는 이중 유
리가 둘러져 있어 벨소리는 들리지 않는다.

가 장 큰 시 계

겉으로 보이는 문자반의 크기로 볼 때 세계에서 가장 큰 시계는 앞에서 '메카 시간'을 알려주는 시계로 나왔던 바로 그 시계다. 이 거대한 시계는 사우디아라비아 메카의 아브라이 알 바이트 타워 꼭대기에 있다. 문자반의 지름만 43미터에 이른다. 이 시계가 놓인 시계탑은 세계에서 가장 높은 시계탑(그리고 세계에서 두 번째로 높은 건물)이며, 이 시계탑이 있는 건물은 세계에서 바닥 면적이 가장 큰 건물이다. 누군가가 이 건물을 능가할 건물을 지을 때까지 당분간은 기록이 유지될 것이다.

그밖에 주목할 만한 거대한 문자반을 자랑하는 시계로는 이스탄불의 케바히르 몰 시계(36미터)와 피츠버그의 듀케인 맥주회사 시계(18미터)가 있다. 런던의 유명한 빅벤은 직경이 6.9미터이다.

가 장 시 간 이
오 래 걸 린 실 험

1927년, 오스트레일리아 퀸즐랜드대학교의 토머스 파넬Thomas Parnell은 현재까지 가장 시간이 오래 걸리는 실험을 시작했다. 바

가장 작은 시계

요즘에는 무엇을 시계로 볼 것인가 하는 논의가 필요한 것 같다. 우리가 쓰는 테크놀로지 장치 대부분에는 시계가 장착되어 있으며, 컴퓨터 모니터의 오른쪽 아래 구석이나 휴대전화 스크린에 있는 디지털 표시장치 정도만 눈에 보일 뿐이다.

현재 '가장 작은 원자시계' 기록을 보유하고 있는 시계는 미국 콜로라도 주 미국 국립표준기술연구소(NIST)에 만들어진 것이다. 이 시계는 2004년에 공개되었는데, 크기가 쌀알만 하고 3,000년에 1초의 오차밖에 나지 않을 만큼 정확하다. 3,000만 년에 1초 틀리는 스위스의 가장 정확한 원자시계보다는 정확도가 크게 떨어진다. 그렇지만 쌀알 크기의 시계가 그만큼 정확하다는 것은 매우 인상적이다.

로 역청(피치) 방울 떨어뜨리기 실험이다.

역청은 석유 부산물로 점성을 지닌 중합체인데, 생김새는 거친 바위 같다. 역청을 가열하면 끈끈해져서 늘이고 펼 수 있는데 배의 방수 물질로 사용된다. 역청은 상온에서 단단하며 심지어 망치로 깨면 쉽게 조각난다. 역청을 가열해서 내버려두면 몇 년에 걸쳐 서서히 모양이 바뀌면서 흐르기 시작한다.

파넬은 이 물질에 호기심을 가졌고 역청의 유동성과 높은 점도를 보여주고 싶어서 역청 한 덩어리를 가열해서 깔때기 안에 부었다. 그는 깔때기를 밀봉한 채 3년 동안 역청을 굳히고는 깔때기 끝을 잘라 역청 방울이 떨어지기를 기다렸다. 그리고 8년이 흘렀다. 그러던 1938년 12월 첫 번째 역청 방울이 눈 깜짝할 사이에 떨어졌다. 그 실험이 시작된 지 11년 만이었다.

그 후로도 역청은 깔때기에서 천천히 내려왔다. 이 글을 쓰고 있는 지금은 실험이 시작된 지 80년이 지났지만, 깔때기를 통과하는 너무도 짧은 여행을 위해 이제 아홉 번째 방울이 막 생기기 시작하고 있다. 역청 방울이 나오기까지 걸리는 시간은 일정하지 않다. 예를 들어, 여섯 번째 방울은 이전 방울이 떨어진 지 8.7년이 지난 1979년 4월에 나왔지만, 일곱 번째 방울은 9.3년이 지난 1988년 7월에, 그 후 다시 12.3년 만인 2000년 11월에 여덟 번째 방울이 나왔다.

깔때기의 모습은 그 주둥이에서 떨어질 듯 말 듯 걸린 큼직한 역청 방울을 보여준다. 금방이라도 떨어질 것처럼 보이지만 아직도 몇 년은 더 기다려야 한다. 역청 방울이 떨어질 때 걸리는 시간은 8분의 1초에 불과하다. 현재 이 실험의 관리자는 존 메디스톤John Maidstone이다. 그는 1961년 1월 이후 이 역청 깔때기를 지켜보고 있다. 그러나 방울이 떨어지는 걸 한 번도 목격하지는 못했다. 1988년에는 차를 마시려고 준비하다가 그 순간을 놓치고 말았다. 2000년 11월에는 런던에 가게 되어 자리를 비운 동안 관찰 카메라를 설치했지만, 와보니 카메라가 고장이 나 있어 방울이 떨어지는 장면을 찍지 못했다. 메디스톤은 그것이 평생에 가장 슬펐던 일이라고 말했다.

확실한 건 아무도 그것이 떨어지는 걸 보지 못했다는 것이다. 그러나 다음번에는 틀림없이 보게 될 것이다. 실시간으로든 카메라에 녹화된 것으로든 말이다. 무슨 일이 있어도 그 장면을 다시 놓치지 않으려는 메디스톤은 이제 그것이 떨어지는 장면을 포착하기 위해 카메라 세 대를 그 역청에 초점을 맞춰놓고 계속 돌리고 있다. 그리고 약간은 안타깝게도, 전 세계 사람들이 온라인으로 실시간 지켜보고 있는 중이다. 퀸즐랜드대학교의 수학물리학부 웹사이트에 가면 여러분도 그것을 볼 수 있다.

보고 나서 그런 것이 흥미롭다는 걸 깨달은 독자들을 위해서 나름의 이야기를 들려줄 웹 주소인 www.watching-grass-grow.com를 추천한다.

가 장 긴 삶 과
가 장 짧은 삶

우리 지구에서 살아가고 있는 대다수 동물에 비해 인간은 상대적으로 수명이 길다. 하지만, 기대수명은 우리가 어디서 태어났는

가에 따라 크게 달라진다(243페이지 참조).

식물학자이자 생태학자인 길리언 프랜스Ghillean Prance는 이렇게 말한다. "가장 짧은 생물학은 하루살이의 생물학이라고들 이야기 한다. 태어나고, 먹고, 짝짓기하고, 죽는다. 먹거나 구애를 위해 멈추지도 않는 하루살이는 유충 단계에서 벗어날 때부터 성체의 삶에 필요한 모든 에너지를 가지고 나오며, 나는 중에 짝짓기를 한다. 전형적으로 하루살이는 하루 또는 이틀을 살 뿐이다." 그러나 하루살이의 성인기는 이토록 짧지만 '나이아드(물의 정령)' 또는 '님프' 단계라고 불리는 하루 살이의 어린 시절이 1년 동안 지속될 수 있다는 건 주목할 만하다.

'가장 짧은 삶'의 항목을 대부분 차지하는 것은 곤충들이다. 포유동물 중에서는 아마도 생쥐가 가장 짧은 삶을 살 것이다. 네 살생쥐는 노인 축에 들어간다. 물고기 중에서는 모기고기(톱미노)가 두 살이 되면 노령연금을 받게 되고, 조류 중에서는 벌새가 일곱 또는 여덟 살이 되면 꼬부랑 노인이 된다.

동물 가운데는 아시아코끼리가 길게는 86세까지 사는 것으로 관찰된 반면에, 가장 오래 사는 새는 마코앵무로 사육 상태에서 100살까지 살 수 있다. 도마뱀을 닮은 뉴질랜드의 투아타라는 200살까지 살 수 있으며, 일본 잉어는 조건만 맞으면 200년 넘게

짧은 생을 살아가는 하루살이

살 수 있다. 일본 잉어 가운데 하나코('꽃 처녀'라는 뜻)라는 이름의
물고기는 1977년에 죽을 당시 226살이었다고 보고되었다. 북대서
양 원산인 그린란드 상어는 약 200년을 산다고 알려져 있으며 느
릿느릿 움직이는 갈라파고스 거북은 현재의 자료에 따르면 190년
정도 살 수 있다고 한다. 실제로 150년 넘게 살고 있는 거북의 예
는 많다. 북극고래도 생활이 비교적 자유롭다면 200년 정도 사는
것으로 여겨지고 있다.

가장 오래 산 것으로 알려진 동물은 이매패류(두 개의 맞물린 껍데기 속에 사는)의 연체동물이다. 밍이라는 애칭이 붙은 한 백합조개는 2007년 아이슬란드 앞바다에서 발견되었을 당시(발견된 뒤 죽었다) 나이가 405살에서 410살로 추정되었다. 조개의 나이는 해마다 한 줄씩 껍데기에 생기는 나이테를 세어서 알 수 있었다.

남극 근처의 해면들은 적어도 1만 년은 된 것으로 여겨지며 뉴질랜드 앞바다의 검은 산호는 4,000년이 넘은 것으로 추정된다.

그러나 짧고 긴 삶을 단지 시간으로만 판단하는 게 맞는지는 모르겠다. 우리는 서로 다른 동물들이 삶을 살고 경험하는 속도

가장 오래 산 사람들

기네스 세계기록에 따르면, 가장 오랜 산 사람은 프랑스의 잔 칼망Jeanne Calment으로, 1997년에 사망할 당시의 나이가 112살 164일이었다. 칼망 이전의 세계기록은 일본의 이즈미 시게치요라는 사람이 보유하고 있었다. 그러나 이즈미의 기록은 입증할 수 없는 것으로 밝혀졌으며, 사망 당시 그의 나이는 120살이 아니라 105살이었을 수 있다. 이즈미는 70살에 날마다 폭음하는 습관을 버리고 담배를 피우기 시작했지만 폭음과 흡연이 그의 장수를 단축시키지는 않았던 것으로 보인다. 이 글을 쓰는 현재는 115살인 일본인 여성인 미사오 오카와가 살아 있는 최고령자로 기네스 세계기록을 보유하고 있는데, 2013년 6월에 역시 일본인이던 기무라 지로에몬이 116세의 나이로 세상을 떴기 때문이다.

를 고려해야 할 것이다. 거북은 그 수명에 어울리는 아주 느린 속도로 사는 반면, 작은 벌새는 공중에 떠 있을 때 초당 90회나 날갯짓을 하고, 하루살이처럼 수명이 짧은 일부 파리들은 초당 1,000번의 날갯짓을 한다. 그래서 이렇게 생각해야 할 것이다. 벌새와 파리는 그 짧은 존재 기간 동안에, 거북이 경험하는 만큼 최대한 많은 것을 하기 위해 굉장히 빠르게 움직인다고 말이다.

시간 여행을 위한 귀띔

날짜변경선 넘어가기

지구에 그은 이 가상의 선은 비슷한 상상의 선인 경도 180도선을 따라 태평양 한가운데를 지난다. 그렇지만 경도선을 그대로 따라가지는 않는데, 북극에서 남극으로 내려가면서 경도선 좌우로 지그재그로 꺾이기 때문이다. 이 가상의 선 양쪽에서 달력에 표시되는 날짜가 달라진다. 동쪽으로 가면서 날짜변경선을 지나는 여행자는 하루 또는 24시간을 빼야 하고, 서쪽으로 갈 때는 하루를 더해야 한다. 그래서 날짜변경선을 넘어가는 것은 24시간짜리 시간 여행을 하는 것과 같다!

쥘 베른의 소설 《80일 간의 세계일주》(1873)에서 필리어스 포그는 1872년 12월 21일 토요일 저녁까지 80일 동안 세계 일주를 한다는 유명한 내기를 한다. 여행을 끝내고 돌아온 날이 12월 22일 일요일이어서 그는 내기에서 졌다고 생각해 실망에 빠진다. 그러다 문득, 자신이 날짜 계산에서 날짜변경선을 빠뜨렸고 사실상 79일 만에 세계 일주를 했다는 걸 깨닫고는 상금을 받기 위해 황급히 달려간다. 옛날식 시간 여행의 좋은 예이다.

미래의 시간

Future Time

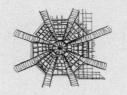

빨라지는 시간

 실 시 간   전 달

내가 살고 있는 곳은 시간의 고향인 런던 그리니치이다. 최근 들어 런던에서는 여러 건의 폭동이 일어났다. 내가 사는 집은 블랙히스힐에 있는 한 아파트였는데, 경찰과 폭동 군중 사이에 충돌이 벌어지던 레위섬 부근 위로 헬리콥터가 떠 있는 것을 창밖으로 볼 수 있었다. BBC 생방송 뉴스를 보기 위해 켜놓았던 텔레비전에는 아까 말한 헬리콥터를 포착한 화면이 방송되고 있었다. 그 사이에 내가 손에 들고 있던 스마트폰 화면에는 레위섬 거리에서 트위터로 보내오는 생생한 보고들이 올라오고 있었다.

  사건이 일어나는 중에 그 사건은 '실시간'으로 보고되고 접속되고 가공되고 있었다. 이제 사건은 실시간으로 포착되고 청중들이 그 사건을 경험하는 것과 같은 속도로 전송된다. 그리고 테크놀로지 세대에게 실시간은 그야말로 실시간이다. 정보는 즉각적으로 전달되고, 우리와 정보의 상호작용도 그만큼 즉각적이다. 이런 실시간 전달과 상호작용은 앞으로 더욱 빨라질 것이다.

시 간 의   혁 신

우편 제도가 등장한 이후 매스컴에서 일어난 가장 큰 변화는 전신의 발명이었다. 최초의 전보는 1830년대에 독일에서 송출되었다. 당시 송출 가능 거리는 거우 1킬로미터였다. 그 후 전신 기술이 발달하고 전신에 필요한 케이블 가설이 대서양 양쪽에서 급속도로 활발하게 일어나면서 1830년대와 1840년대에 전신은 빠르게 발전했다. 가장 주목할 만한 것은 영국의 윌리엄 포더길 쿡 경 Sir William Fothergill Cooke과 찰스 휘트스톤Charles Wheatstone, 그리고 모스 부호로 유명한 미국의 새뮤얼 F. B. 모스Samuel F. B. Morse에 의한 발전이었다.

1850년대에는 최초의 상업적 전보가 뉴욕과 시카고 사이 750마일(1,207킬로미터) 거리를 뛰어넘어 보내졌다―이 거리를 가는 데 불과 4분의 1초밖에 걸리지 않았다(시간당 1,100마일[160.9킬로미터]의 속도다). 맨 처음 전보를 사용했던 사람들은 그런 일이 가능할 거라고는 생각도 못했을 획기적인 일이었다. 1860년대에는 대서양 횡단 전신 케이블이 개통되었고 1870년대에는 영국과 멀리 식민지 인도까지 케이블이 놓였다. 1902년, 마침내 태평양을 건너는 전신 체계가 완성되어 세계 전체가 전선으로 연결되었고, 예전에는 상상할 수도 없었던 먼 거리까지 정보를 보내고 받는 일이 가능해졌다. 이어서 다음에는 무선 전신이 등장했다.

무선 전신의 개척자 알베르 튀르팽Albert Turpain은 1895년 프랑스에서 자신의 첫 번째 모르스 부호 무선 신호를 보내고 받았다. 겨우 25미터 거리에서 이루어진 실험이었지만, 그것은 상당한 업적이었다. 이듬해 이탈리아인 굴리에모 마르코니Guglielmo Marconi는 무선 신호를 처음으로 6킬로미터 보내는 데 성공했다. 마르코니는 이 기술을 영국으로 가져갔고 그 이후의 이야기는 역사가 되었다. 1901년에는 첫 번째 무선 전송으로 글자 S가 대서양을 건너갔다.

이런 발전과 나란히, 다른 발명가들도 전선을 통해 신호뿐 아니라 사람의 목소리까지 보내는 실험을 하고 있었다. 전화는 1870년대에 발명되었고 최초의 상업적 서비스는 코네티컷의 뉴헤이븐과

런던에서, 각각 1878년과 1879년에 시작되었다. 1880년대 중반까지는 미국의 모든 주요 도시에 전화가 가설되었지만, 미국 동부 해안에서 서부 해안까지 장거리 전화가 처음 연결된 것은 1915년의 일로, 뉴욕에서 샌프란시스코까지 교신이 이루어졌다. 그리고 사람의 말이 대서양을 건너기까지는 다시 20년이 걸렸는데, 1927년 무선을 이용해 사람의 목소리를 보내고 받게 되었다.

이 새로운 형태의 매스커뮤니케이션이 사람들의 일상생활과 사람들이 사는 세계에 대한―그리고 속도와 시간에 대한―인식에 얼마나 큰 영향을 미쳤는지는 상상을 초월한다. 편지를 써서 지구 반대편으로 소식을 전할 때에는 몇 주 심지어 몇 달씩 걸리던 일이 이제는 몇 분 만에 이루어질 수 있었다. 그러나 이런 일이 일단 '새로운 표준'이 되자 사람들은 그것을 당연하게 여기게 되었고, 그것으로 더 빨리 더 나은 방식으로 정보를 보내고 받기를 기대하게 되었다.

혁신은 끊임없이 계속되었다. 영국에서는 1922년 BBC가 최초로 무선 전파를 쏘아 보냈고, 1925년까지는 영국 전체의 80퍼센트가 지역 중계국을 통해 전파를 받고 있었다. 같은 해인 1925년에 스코틀랜드의 발명가 존 로지 베어드John Logie Baird는 런던의 셀프리지스 백화점에서 움직이는 그림(당시에는 윤곽만 보낼 수 있었다)을 전송할 수 있다는 것을 보여주었다. 2년 후 음극선관(브라운관)이 발명되었으며, 1932년 BBC는 처음으로 실험 방송을 시작해 1936년에는 북 런던의 높은 언덕에 있는 알렉산드라 궁전에서 세계 최초로 송출 서비스를 확대했다.

이후 오늘날까지 컬러텔레비전의 혁신과 발명, 화상전화, 위성전화, 라디오와 텔레비전, 그리고 컴퓨터 기술에서의 모든 발전이 급속도로 이루어졌다. 지금 우리는 단 하나의 장치를 가지고 '실시간'으로 총천연색 고화질 텔레비전을 보거나 라디오를 듣고, 게임을 하고, 신문을 읽고, 화상전화를 받고, 이메일을 보낼 수 있으며, 수많은 사회적 채널을 이용해 즉석에서 친구들, 가족들, 그리고 더 넓은 세계와 의사소통을 하고, 사진이나 동영상을 찍을 수 있다―그리고 물론 시간을 알 수 있다. 이 모든 활동이 길을 걸으면서도 가능하다. 그리고 이 모든 것이 2000년대 말 이후에 가능해진 일이었다. 이제 시간은 점점 속도를 올리고 있다.

만약 시간의 속도를 다시 늦추고 싶다면, 바로 그 똑같은 장치를 통해 오스트레일리아에서 실시간으로 방송되는 역청 떨어뜨리기 실험을 보면 된다. 언젠가는 역청 방울이 떨어질 테니까……

알렉산드라 궁전의 송신기

돈 의 속 도

요즘은 인터넷 망 등을 이용해 빠른 속도로 돈 거래가 이루어진다. 세계 어느 곳에서든 신속한 금융거래를 할 수 있으며, 온라인 뱅킹으로 책상 앞에서 편안하게 여러 건의 거래를 처리할 수 있다. 그러나 무엇도 주식시장의 빠른 움직임에 비할 게 없다.

수많은 유형 및 무형의 상품과 금융상품이 거래되는 주식시장에서 모든 거래의 50퍼센트에서 70퍼센트 정도는 인간이 개입되지 않는 하나의 알고리즘에 의해 실행된다. 그리고 주식을 사고파는 일은 몇 밀리초 단위로 이루어진다.

'고주파' 전자 매매기는 분당 1,000건의 거래를 할 수 있는데, 완결되지 않고 공중으로 날아가버리는 거래는 성사된 거래보다 훨씬 많다. 이 초고속 컴퓨터는 시장을 살펴보면서 매도와 매수 주문을 보내는데, 또 다른 컴퓨터가 주문을 연결시키면, 받아들여지지 않은 나머지 모든 주문은 취소된다.

이와 비슷한 여러 가지 주식 거래 알고리즘을 확인하고 거부하는 컴퓨터 프로그램들은 계속 설계되어왔다. 이런 프로그램들이 시장으로 뛰어들어 가격을 올리고 다른 알고리즘에 팔면서 몇 초 만에 엄청난 거래량을 기록한다.

뉴욕 증권거래소에는 면적 2만 평방피트(풋볼 구장 세 개 크기)의 방이 있는데, 약 1만 개에 이르는 컴퓨터 서버가 빼곡하게 줄지어서 방을 가득 채우고 있다. 수많은 금융기관이 소유하고 있는 이

서버들이 저마다 '시장'을 분석하고 거래를 분석한다. 이런 일은 모두 사람이 개입 없이, 행동은 물론이고 판단까지 사람보다 훨씬 더 빠른 속도로 이루어진다.

빛 보 다　빠 른
속 도　전 쟁

경쟁이 치열한 주식거래의 세계에서는 정보가 이동하는 속도가 매우 중요하다. 예를 들어 시카고의 선물시장(기본 상품들)에서 뉴욕에 있는 주식시장으로 보내는 정보가 빨리 도착해야 다른 사람보다 빨리 거래를 성사시킬 수 있다. 광섬유 케이블은 이런 시장들 사이에 15밀리초 만에 정보를 보낼 수 있게 해주지만, 1밀리초에 따라 희비가 엇갈리는 일이 늘 벌어지기 때문에 거래자들은 그보다도 더욱 빠른 정보 속도를 원한다. 이런 이유로 1밀리초라도 더 줄이기 위한 속도 경쟁이 심화되었다. 그래서 초특급 속도로 돌아가는 매매 컴퓨터를 위해 시카고와 뉴욕 사이에는 정보 이동 속도가 가장 빠른 광섬유가 설치되어 귀중한 시간을 벌어주었다.

공기를 통과하는 광속은 심지어 광섬유보다 더 빠르다. 따라서 이를 이용하기 위해 현재 거래소 사이에 약 8밀리초 안에 정보를 쏘아 보낼 수 있는 송신탑들이 건설되고 있다. 조만간 이런 송신기들이 마이크로초, 심지어는 나노초 안에 정보를 보낼 수 있게 될 것이다.

스피드 데이팅

우리가 살아가는 방식, 그리고 우리가 서로 상호작용하는 방식이 가속화되고 있다는 걸 여러분이 확실히 이해했기를 바란다. 그 결과 시간은 점점 더 소중한 것이 되고 있다. 모든 것이 이렇게 빠르게 정신없이 돌아가고 여러 가지 일을 한꺼번에 해야 하는 세계에서 우리는 모든 일을 간소화하고 있다. 우리 짝을 찾는 일도 마찬가지다.

요즘은 '운명의 한 사람'을 만나기 위해 시간을 온전히 할애하는 걸 아까워하는 것 같다. 그런 추세를 반영한 것인지 한 장소에 가서 여러 명의 사람을 만나 3분에서 8분 정도의 짧은 시간 동안 각기 이야기를 나누는 스피드 데이트가 등장했다. 만약 종이 울리기 전에 상대와 사귀고 싶은 생각이 들면, 이름을 적어서 주최자에게 건넨다. 그러면 주최자는 당신이 호감을 느낀 상대자가 당신의 사랑에 응답할지 아닐지 알려준다. 응답이 오면 이제 결혼식장으로 가면 된다.

미래의 속도

 치타 , 고양이 ,
우사인 볼트

정보는 사람보다 더 빠르게 옮겨 다닌다. 그러나 사람도 꽤 빨리 이동할 수 있다. 현재 발로 달릴 수 있는 가장 빠른 기록은 번개맨으로 불리는 우사인 볼트Usain Bolt가 보유하고 있다. 볼트는 2009년의 한 100미터 경주에서 시속 44.72킬로미터를 기록했다. 볼트는 100미터 경주를 9.58초로 완주하면서 그 전 해에 자신이 세운 세계기록인 9.69초를 경신했다. 그래도 사람은 다른 동물들에 비해 많이 느린 편이다. 치타는 지구상에서 가장 빠른 동물인데, 2012년에 새라라는 이름의 치타는 100미터를 5.95초 만에 달

림으로써 세계 신기록을 수립했다. 새라의 순간 최고 속도는 시속 98킬로미터에 이르렀다. 말이 났으니 말인데, 집에서 키우는 고양이도 우사인 볼트보다 빨리 달릴 수 있다. 현재 고양이 달리기에서 기록된 최고 속도는 시속 48킬로미터이다.

더욱 빨리 이동하는 것, 그리고 A지점에서 B지점까지 가는 데 걸리는 시간을 줄이는 것은 사람들이 많은 노력을 기울이는 중요한 문제이다. 이번에는 그동안 발명되었던 가장 빠른 운송 수단 몇 가지를 알아보고 미래에는 어떻게 더 빠른 속도로 이동하게 될지 생각해보자.

가 장   빠 른   자 동 차

1903년 라이트 형제가 처음으로 동력 비행에 성공했을 때의 속도는 놀랍게도 10.9킬로미터였다. 1905년까지 이 형제가 만든 비행기의 속도는 시속 60.23킬로미터까지 빨라졌다. 오늘날 유인비행의 최고 속도는 1976년 7월 록히드사의 정찰기 SR-71 블랙버드가 세운 것이다. 이 검은 새의 속도는 시속 3,529.6킬로미터에 이르렀다.

상업적으로 판매되는 자동차 가운데 가장 빠른 차는 부가티 베

이런 슈퍼 스포츠로 2.4초 만에 시속 0킬로미터에서 96.5킬로미터까지 가속할 수 있으며 최고 시속 431.07킬로미터로 달릴 수 있다. 240만 달러만 있다면 여러분도 이 차를 살 수 있다. 그러나 그런 속도로 합법적으로 달릴 수 있는 도로는 지구상에 존재하지 않는다—법정 제한 최고 속도는 이탈리아가 시속 150킬로미터로 가장 높다(그 다음이 폴란드, 불가리아, 아랍에미리트로 시속 140킬로미터이다). 독일의 아우토반은 속도 제한이 없지만, 시속 130킬로미터를 권장하고 있다. 부가티를 타고서 시속 300킬로미터를 넘는 속도로 달리다가는 좋지 않은 결과를 부를 수도 있다.

시간이 지나는 동안 우리의 속도가 얼마나 더 빨라졌는지 가늠하기 위해 독일의 카를 벤츠Karl Benz(메르세데스 벤츠 제작사의)가 설계했던 최초의 가솔린 구동 상업용 자동차와 비교해보자. 1888년에 출시된 이 차는 최고 속도가 시속 16킬로미터에 지나지 않았

다. 현재 지구상에서 가장 빠른 기차는 중국의 CRH380A로 최고 속도는 시속 486킬로미터에 이른다―육상에서 법정 최고 속도로 달릴 수 있는 방법이다.

음 속 보 다   빠 른   기 록

음속은 초속 343.2미터(시속 1,236킬로미터)이다. 음속 장벽을 처음 알게 된 것은 제2차 세계대전 중에 비행기들이 압축 효과―비행기에 부딪히는 공기역학적 효과로 가속을 방해한다―를 겪기 시작하면서부터였다. 적절하지 않은 비행기로 음속 장벽에 부딪히게 되면 요란한 소리 즉 '음속 폭음'이 생긴다. 그러나 비행기의 설계가 더욱 더 공기역학적으로 바뀌면서 이 장벽을 뚫고 가속하는 것이 가능해졌다. 음속 장벽을 공식적으로 깨뜨린 첫 번째 조종사는 1947년 XP-86 세이버 전투기를 타고 날았던 미국인 척 이거Chuck Yeager였다.

육상 운송수단으로 처음 음속 장벽을 깨뜨린 것은 불과 1년 후인 1948년의 일이었다. 무인 로켓 추진 썰매가 시속 1,640킬로미터까지 속도를 올렸다가 레일에서 탈선했다. 1997년 브라이턴 앤디 그린Briton Andy Green은 유인 운송수단으로는 처음 음속 장벽을 깼는데, 그가 몰던 자동차인 서스트 SSC(초음속 자동차)는 최고 시속 1,228킬로미터까지 올라갔다.

2012년 10월, 오스트리아의 스카이다이버인 펠릭스 바움가르터 Felix Baumgarter는 최고 속도 시속 1,342킬로미터로 낙하하면서 음속보다 빨리 자유낙하한 최초의 스카이다이버가 되었다. 이 기록을 세우기 위해 그는 뉴멕시코에서 39,045미터 상공(성층권 위쪽)에 떠 있는 풍선에서 뛰어내렸고, 그러면서 역대 가장 높은 자유낙하 기록까지 함께 깨뜨렸다. 알기 쉽게 비교하자면 보잉 747기의 최고 비행 고도는 1만 3,000미터이고 에베레스트 산의 높이는 8,848미터밖에 안 된다. 바움가르터의 지구를 향한 자유낙하는 불과 9분 남짓 걸렸는데, 그는 마지막 2,526미터 상공에 와서야 낙하산을 펼쳤다.

로 켓 의   속 도

1969년 5월, 아폴로 10호 우주 로켓은 달 착륙에 필요한 모든 절차를 시험하기 위한 시운전을 떠났다. 아폴로 10호는 실제 달에 착륙하지는 않았고, 달 착륙을 실행한 것은 같은 해 7월 아폴로 11호였다. 이 임무 도중 아폴로 10호는 인간이 만든 운송 수단이 기록한 최고 속도인 시속 3만 9,897킬로미터의 기록을 경신했다고 한다.

2004년에 미 항공우주국은 초음속 항공기를 시험했다. 발사를

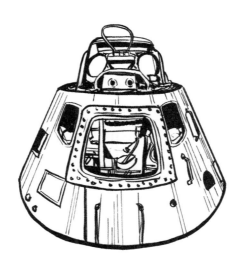

아폴로 10호

위해 로켓 부스터를 사용한 이 항공기는 결국 시속 1만 461킬로미터까지 이르렀다. 만약 이 기술이 유인 여객기에 성공적으로 적용된다면, 우리가 지구 위를 다니는 방식과 시간과 거리를 경험하는 방식은 크게 바뀔 것이다.

미 래 의 여 행

❋ 하늘을 나는 자동차 : 공상과학 영화를 보면 공기역학적인 형태의 날렵한 자동차들이 아찔할 만큼 높은 도시 풍경 사이를 미끄러지듯 날아다니는 장면이 자주 등장한다. 그러나 미래에 우리가 타고 다니게 될 나는 자동차들은 초경량비행기 기술을 사용해 분리형 날개를 단 2인승 밀폐형 글라이드에 더 가까울 것으로 전망된다. 미래에 우리는 교외로 나갈 때면 그런 운송수단을 타고서 쉽게 날아갈 수 있을 것이다. 고효율 엔진이 장착되어 시속 241킬로미터로 날 수 있는 하늘을 나는 이런 자동차는 매력적이고 환경친화적인 선택이 될 것이다. 그리고 그런 자동차는 지구에도 피해를 주지 않을 것이며 어쩌면 새로운 첨단 가족용 자동차가 될지도 모른다.

❋ **쓰레기 연료 자동차** : 영화 〈백 투더 퓨처〉는 1985년에 제작되었는데, 마지막 장면에 미래주의적인 옷차림을 한 박사가 이 시간 기계/자동차의 연료 전환기에 쓰레기를 집어넣는 모습이 나온다. 1985년 당시에는 이것이 아득히 먼 미래의 이야기 같았지만 지금은 이미 현실이 되었다. 폐기물 에너지 발전소들이

유럽 전역에 많이 들어서서 재활용이 불가능한 쓰레기들을 원료 삼아 전기를 생산하고 있다. 이 전기는 곧 자동차를 움직이는 데에 사용되었다. 현재 도로 위를 달리는 전기차는 얼마 되지 않지만, 언젠가는 전기차가 표준이 될 것이다. 물론 수소 동력 자동차가 전기차를 앞지르지 않는다면 말이다. 미래의 이런 자동차들은 친환경적일 뿐 아니라 훨씬 더 안전하기까지 하다. 자동차끼리 서로 정보를 주고받으면서 교통이 위성 기술로 통제되어, 교통 체증은 먼 과거의 일이 될 것이다.

✳ **자기열차 :** 고가 열차 트랙과 모노레일은 전혀 새로운 것이 아니다. 그러나 평균 시속 418킬로미터인 자기부상열차는 새롭다. 최초의 자기부상 즉 '마그레브' 열차 노선은 이미 가동 중인데, 상하이 시내 중심가와 푸동 공항 사이를 오가고 있다. 단점이 있다면 이 새로운 열차 운행 방식은 설치비가 많이 들고 새 트랙을 깔아야 한다는 것이다. 그러나 나머지 열차 기술이 새 방식을 따라잡고 있다. 그리고 표준 트랙에서도 마그레브만큼 빠른 속도를 낸다. 탑승 수속 절차가 단축됨에 따라서 도시에서 도시로 기록적인 속도로 이동하는 것이 가능해질 것이며, 일부 경우에는 항공 이동편보다 더 빠를 수도 있다.

✳ 느린 여행 : 지금까지는 속도를 올리는 것을 강조해왔지만,
환경론자들은 반대로 속도를 늦추자고 주장하고 있다. 환
경을 생각하는 많은 이들은 여행이 단지 한 장소에서 다른
장소로 이동하는 과정이 아니라 경험하는 과정이라고 생각
한다. 이들은 빠른 비행기보다 기차나 배처럼 더 친환경적
인 수단을 선호한다. 그리고 이들은 우리에게 정말 여행을
하고 있는지 아니면 그냥 도착하기 위해 가는 건지 잠시 멈
춰서 스스로 돌이켜보라고 요구한다……. 이것은 시간에
대한 전혀 다른 접근법—목적지만큼이나 여정을 소중히 여
기는—으로, 괜찮다면 실시간으로 시간을 경험하는 방법으
로 추천할 만하다.

시간 여행

상 대 적 시 간 과
절 대 적 시 간

인간은 수천 년 동안 시간 여행을 꿈꿔왔다. 지금까지 알려진 최초의 시간 여행 이야기(그리고 사실상의 우주 여행 또는 차원 간 여행)는 기원전 8세기의 힌두 신화이다. 산스크리트어로 쓰인 서사시 〈마하바라타〉에는 레바이타(또는 라이바타) 왕이 창조의 신 브라마를 만나기 위해 다른 세계로 여행을 떠났는데 지구로 돌아와보니 많은 시간이 지나 있었다는 이야기가 나온다.

아인슈타인의 상대성 이론은 현대인들이 시간과 시간 여행을 생각하는 방식에 커다란 영향을 주었다. 아인슈타인은 우리가 움직이는 속도에 따라서 시간이 서로 다른 비율로 흐른다고 말했다. 우리가 빨리 움직이면 시간이 늦춰진다는 것은 사실로 증명되었다. 두 개의 시계를 가지고 똑같이 시간을 맞춘 다음, 하나는 비행기 안에 놓는다. 비행기가 이륙하고 빠른 속도로 날다가 속도를 늦추고 착륙한다. 비행기 안에 있던 시계는 지상에 있던 시계보다 약간 늦어지는데, 비행기를 타고 이동하는 동안 조금 느리게 가기 때문이다. 그 차이는 매우 작지만, 그럼에도 차이는 있다. 아인슈타인에 따르면 두 가지 시간 모두 다 맞다.

우주비행사 세르게이 크리칼레프Sergei Krikalev는 현재까지 우주에서 가장 오랜 시간을 보낸 기록을 가지고 있다. 세 번의 탐사를 모두 합친 시간이 803일(2.2년)이나 되는데, 그중 가장 긴 탐사는 438일 간이나 계속되었다. 크리칼레프는 매우 놀라운 속도(약 시속 273,588킬로미터)로 이동하고 있었기 때문에, 사실상 미래로 여행했던 것과 같다. 실제로 그는 미래로 여행한 기록도 보유하고 있다. 거우 20밀리초이긴 하지만 말이다.

요즘 물리학자들은 시간 여행의 가능성에 관해 전보다 더 큰 확신을 가지고 이야기한다. 그러나 시간 여행을 만들어내고 포착하기 위한 조건은 쉽지 않다. 선택 가능한 방법 중에는 빛의 속도로 이동하는 것, 우주끈이나 블랙홀을 이용하는 것, 또는 시공 연속체(웜홀) 속의 작은 틈을 비집어 열어서 그 안으로 뛰어드는 것 등이 있다.

힉스 입자와 우주

스위스의 거대한 입자가속기에 안에서 벌어지는 일은 한낱 인간에 불과한 우리로서는 이해하기 힘든 일들이다. 물체를 가리키는 다양한 이름이나 실험을 설명하는 용어들도 이해에 별 도움이 되지 않기는 마찬가지다. 힉스 입자, CERN에 있는 대형 강입자 충돌기, 신의 입자 등등의 용어가 쓰이지만 이렇게 말하면 조금은 더 분명해질 것이다. 제네바의 CERN(유럽입자물리연구소)에 있는 대형 강입자 충돌기(입자가속기)는 신의 입자라 불리는 힉스 입자

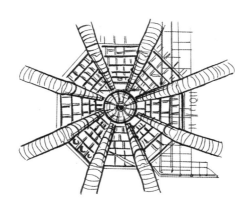

의 존재를 확인할 방법을 찾고 있다고 말이다.

물리학자들은 우리가 현재 알고 있는 복잡한 우주와 그 우주를 지배하는 물리학의 법칙이 탄생한 것은 아주 뜨거웠던 빅뱅 이후 최초의 순간에 우주가 식으면서였다고 가정한다. 현재 물리학자들은 길이 17마일 되는 입자가속기 회로 안에서 원자보다 작은 입자들을 엄청난 속도로 충돌시키는 실험을 하고 있다. 우주 탄생 이전과 같은 매우 뜨거운 조건을 재구성해 과거의 그때 무슨 일이 벌어졌는지 알아보기 위해서이다. 궁극적으로 그것은 모든 것이 엄청나게 복잡해지기 이전 애초의 단순성을 찾는 탐색이다.

물리학자들이 찾아내기를 바라는 것 중에는 암흑 물질(중력을 만들어내고 모든 것을 결합시켜 제자리에 붙잡아둔다고 믿어지는 물질)의 구름을 구성할 수 있는 입자들과, 힉스 입자가 있다. 힉스 입자란 다른 입자들에 질량을 불어넣는 작용을 하는 가설상의 입자로서 물리학자들은 힉스 입자를 찾아내기 위해 우주가 만들어진 직후 10억분의 1초도 안 되는 조건을 만들어내고 있으며, 이런 작업을 초당 6억 번이나 반복한다. 2012년 7월에 힉스 '보손'과 '일치하는' 새로운 입자가 발견되었지만, 이 글을 쓰는 지금까지도 물리학자들은 확실하게 성공이라고 말하지 않으면서 신중한 입장을 보인다.

말 그대로 과거에 살기

미국의 화가인 데이비드 맥더멋David McDermott은 '현재'를 받아들이지 않고 현재에 살기를 거부하고 그야말로 과거에 살기를 고집하는 괴짜다. 아일랜드 더블린에 사는 그는 최신 설비라고는 전혀 갖추어지지 않은 19세기 집에서 옛날 물건들에 둘러싸여 살고 있다. 고딕 소설에나 나옴직한 고풍스런 옷차림에 실크햇까지 쓰고 다니며 집은 옛날식 설비와 부품, 가구들로 완전히 리모델링했다(그러나 구식 다이얼 전화기만은 예외로 사용한다). 그는 이렇게 말한다. "나는 미래를 이미 보았기 때문에 미래로는 가지 않을 것이다." 데이비드는 인터넷이나 신용카드 사용도 거부해 돈이 필요할 때마다 은행에서 직접 인출한다.

그는 동료 화가인 피터 맥거프Peter McGough와 오랜 기간 협업을 해왔는데, 현대적인 제작 과정이 아닌 옛날식 제작 과정을 사용해 회화, 사진, 조각, 영화 등의 작품을 만들어왔다. 물론 '직선적 시간 체계를 파괴'하기 위해 역사적 시기를 혼합한 작품도 만들어냈다. 나는 개인적으로 그의 작품 가운데 공룡이 어슬렁거리고 화산이 연기를 뿜는 원시적인 배경 속에서 빅토리아 시대의 가든파티를 보여주는 대형 그림을 좋아한다.

시 간 동 결 실 험

미국에서 가장 큰 철도회사의 주인이자 경마광인 르랜드 스탠퍼드Leland Stanford는 말이 어떻게 달리는지 궁금했다. 그는 말이 달릴 때 네 발이 모두 땅에서 떨어지는지 정확히 알고 싶었다. 이를 알아내기 위해 미국의 유명 사진작가인 이드워어드 머이브리지 Eadweard Muybridge에게 말의 움직임을 포착해달라고 의뢰했다. 1878년에 머이브리지는 경마 트랙을 가로질러 24군데에 덫 철사를 설치하고 철사에 카메라를 연결함으로써 속보로 달리는 말의 동작을 포착했다. 그의 사진은 실제로 말이 네 발을 모두 땅에서 뗀다는 것을 보여주었다. 그는 그런 움직임을 세세하게 보여주기 위해 시간을 동결시킨 듯한 연속 사진들을 무수히 찍었다. 그리고 그런 사진들을 영사기를 통해 연속해서 빠르게 보여주었다. 이렇게 해서 최초의 '영화'가 탄생했다.

오늘날에는 시간을 동결시키는 실험이 더욱 정교해졌다. 하버드대 물리학자 린 베스터가르드 하우Lene Vestergarrd Hau는 새로운 형태의 시간 여행―어쨌거나 인간이 여행하는 것은 아닌―을 위한 길을 닦아줄 수 있는 실험을 하고 있다.

하우는 상온의 나트륨 가스를 가열해 원자들이 점점 더 빠른 속도로 진동하게 했다. 약 350℃가 되면 원자들은 증기를 형성한다. 그런 다음 원자들을 작은 구멍으로 밀어 넣어 레이저 빔으로 냉각시켜 움직이는 속도를 늦춘다. 이 '광학적 당밀optical molasses' 속에 갇힌 원자들은 속도가 느려지다가 전자석을 사용하면 완전

히 얼게 된다. 이때 500만 개에서 1,000만 개의 원자가 작은 구름 속에 떠 있게 되는데, 최저온도로 얼려진 이 구름에서 전혀 새로운 물질 상태가 만들어진다. 이어서 이 원자구름 속에 레이저 빔을 쏘면 초속 30만 킬로미터였던 빛의 속도가 시속 24킬로미터로 느려진다. 그러다 일단 빛이 원자구름을 통과하면 빛의 속도는 다시 높아진다.

빛의 속도는 그보다 더 늦어질 수 있으며 심지어 빛이 얼음 덩어리 속에 얼어버린 것처럼 멈출 수도 있다. 하우 박사는 그뿐 아니라 공간 속 한 부분에서 빛을 멈추게 했다가 전혀 다른 장소에서 그 빛을 되살려내기도 했다. 빛에 관한 모든 정보가 원자 속에 새겨져 있어 물질 복제가 일어나는 것이다. 이 빛은 나중에 재활성화를 위해 무기한 저장될 수도 있다. 따라서 빛의 순간이 시간 속에 동결되는 것이다.

시간 여행자들

과학 속의 시간 여행을 만나보았으니, 이제는 공상과학의 세계로 떠나보자. 다음은 내가 대중문화에서 뽑아본 최고의 시간 여행자 10인이다.

10. 빌과 테드

1989년 스티븐 헤렉 감독이 만든 하이틴 SF 영화인 〈빌과 테드의 엑설런트 어드벤처Bill&Ted's Excellent Adventure〉에 나오는 10대 주인공들이다. 음악을 하겠다며 그룹을 결성하고 공부는 안 하는 말썽꾸러기들에게 미래의 유토피아(미래에 두 소년은 신으로 추앙받고 있다)에서 온 한 남자가 찾아오고, 그들이 중요한 역사 시험을 통과하도록 돕기 위해 여러 시대로 여행시켜주는 스토리이다.

9. 버크 로저스

1979년부터 1981년까지 미국에서 방영되었던 〈25세기의 버크 로저스Buck Rogers in the 25th Century〉(한국에서는 〈별들의 전쟁〉이라는 이름으로 KBS2 TV에서 방영되었다-옮긴이) 속에 등장하는 주인공으로 1920년대에 만화로 등장해서 1950년대에 TV에 처음 진출했지만 1970년대 말에는 가장 기억할 만한 시간 여행자가 된다. 다른 무엇보다도 몸에 꼭 끼는 캣슈트로 유명해졌다. 버크 로저스는 공군 조종사로 등장하며, 의식을 잃은 채 504년 동안 우주 공간을 떠돌다가 25세기에 깨어난다. 그는 사악한 드라코니아 행성으로부터 지구를 지키게 된 자신을 발견하는데, 그의 조수로는 귀여운 로봇 트위키, 컴퓨터 두뇌인 테오폴리스 박사가 있다. SF계의 고전 영화이다.

8. 슈퍼맨

크리스토퍼 리브가 주연한 유명한 영화인 〈슈퍼맨Superman〉 1편 (1978)을 보면 슈퍼맨이 사랑하는 여자를 구하기 위해 시간을 (말 그대로) 되돌리는 장면이 나온다. 지구의 자전을 되돌릴 수 있을 만큼 아주 빠른 속도로 지구 주변을 돈다면 그런 일은 분명 가능하다. 참고로 알아두시기를.

7. 에버니저 스크루지

일곱 살 무렵에 우리는 겨울 이야기인 찰스 디킨스의 《크리스마스 송가》를 읽고, 구두쇠 영감 스크루지를 알았다. 스크루지는 몇몇 크리스마스 '유령들'의 도움으로 과거, 현재, 미래를 단번에 오가면서 너그러움과 사랑에 관한 교훈을 배운다.

6. 샘 베켓

물리학자가 타임머신을 만든다. 그 타임머신을 시험하는 도중 실험이 잘못되고 만다. 결국 그는 자신의 평생 동안 여러 사람들의 몸 안에서 지내는 운명이 되어 그 사람이 '과거의 잘못을 바로잡'도록 돕고는 다음 사람의 몸 안으로 뛰어든다. 물리학자에게는 그가 놓인 상황에 관해 과거의 데이터를 알려주는 홀로그램 친구가 있다. 이 물리학자가 바로 인기를 끌었던 공상과학 드라마 〈광속인간 샘Quantum Leap〉(1989~1993)의 주인공 샘 베켓이다.

5. 조지 테일러

〈혹성 탈출Planet of the Apes〉 1편에서 찰턴 헤스턴이 연기한 주인공이다. 우주 여행을 떠난 조지 테일러는 1년 6개월 정도 시간이 흐른 후에 2000년 후 미래의 어느 행성에 불시착한다. 그곳은 인간이 동물처럼 사육되고 유인원이 지배하는 곳이었는데 나중에 알게 된 그 행성의 정체는 충격적이게도 황폐화된 미래의 지구였다.

4. 마티

영화 〈백 투 더 퓨쳐Back to the Future〉(1985)에서 스케이트보드를 타는 십대 소년 마티 맥플라이는 리비아 테러리스트들을 피하려 다가 시간 여행 자동차를 타고서 1955년으로 가게 된다. 거기서 그는 자신의 부모님이 처음 만나던 순간을 우연히 망치게 되면서 자신의 존재 자체가 사라질 위험에 처하게 된다. 그래서 1985년에 자신의 현재를 되돌려놓기 위해서는 한시라도 빨리 그들을 다시 연결시켜야 한다. 이어서 나온 2편과 3편에서 마티는 좋지 않은 상황에 놓인 미래의 자신과 마주하게 되고, 개척시대 서부로 돌아 간다.

3. 터미네이터

아널드 슈워제네거의 "나는 돌아오겠다"는 말로 유명해진 영화 속 사이보그이다. 그는 미래에서 과거/현재로 보낸 사이보그 킬러 를 다룬 시리즈 영화의 첫 세 편에 출연하면서 존 코너라는 반란 군 지도자의 어머니와 나중에는 존 코너 자신을 온갖 방법으로 죽이거나 보호했다. 여기서 중요한 것은 시간 여행을 할 때는 꼭 알몸이어야 한다는 것이다.

2. 닥터 후

닥터는 시간 여행자일 뿐 아니라 시간의 주인이기도 하다. 그는 1963년 이후 자신의 파란색 경찰 전화박스를 타고 시공을 여행하면서 온갖 모험을 하고 있다. 가장 긴 TV 시리즈 가운데 하나인 〈닥터 후Doctor Who〉는 여러 세대의 마음을 사로잡았고 역대 가장 성공적인 공상과학 시리즈로 여겨지고 있다.

1. 시간 여행자

영국 서리의 리치먼드 출신인 이 신사 발명가는 H. G. 웰스의 획기적인 공상과학 중편소설 《타임머신The Time Machine》(1895)의 중심인물이다. 이 책은 시간 여행이라는 개념을 대중화했으며 '타임머신'이라는 말을 처음 사용했다. 이 시간 여행자는 자신의 새로운 발명품을 시험하다가 서기 802701년으로 가게 된다. 거기서 그는 엘로이족을 만나게 되는데, 그들은 기술을 정복한 후 나태하고 사치를 부리게 되고 궁극적으로는 감정이 없어진 종족이다. 어쩌면 시간과 관련해 H. G. 웰스는 일종의 예언자처럼 보이며, 미래의 엘로이족과 오늘날 텔레비전 앞에서 자리를 뜨지 않는 우리 모습을 비교하면 왠지 으스스해진다.

시간 여행을 위한 귀띔

음에너지를 이용해 웜홀 열기

이 말을 이해하기는 조금 어려울지 모른다. 하지만 여러분이 이 책을 읽고 있다면, 여러분은 실험물리학자가 아닐 가능성이 높다. 그러니 내가 할 수 있는 충고는 실험물리학자를 찾아서 그 사람과 친해지라는 것이다. 이왕이면 음에너지를 이용해 웜홀을 열 가능성을 알아보고 있는 사람이라면 더욱 좋을 것이다.

이 분야는 매우 이론적인 성격이 강하지만―지금까지 웜홀은 발견되지 않았다―그러나 앞으로 몇 년 사이에 무슨 일이 생길지 누가 알겠는가? 스티븐 호킹 Stephen Hawking을 비롯한 물리학자들은 웜홀은 실제로 있다고 분명히 믿고 있다.

다음 장에서도 소개할 텐데, 웜홀은 시공을 가로지르는 '지름길'로 여겨진다. 그 지름길이 우리를 어디로 데려다 줄지 그 가능성에 대해서는 아무도 모른다. 물론 그것도 웜홀이 닫히지 않고 우리를 으스러뜨리지 않는다고 할 때의 얘기다. 몸이 으스러지지 않으려면 아주 빠른 이동수단이 필요할 것이다. 역사상 지금까지 가장 빠른 유인 이동수단은 시속 40,233킬로미터 속도를 냈던 아폴로 10호였다. 웜홀을 통해 시간 여행을 하기 위해서는 그보다 2,000배 빠른 것이 필요할 것이다. 식은 죽 먹기 아닌가.

우주의 시간

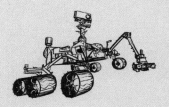

웜홀과 우주 여행

 앞에서 우리는 웜홀을 이야기했는데, 웜홀은 시간과 공간 속의 보이지 않는 작은 틈으로 다른 시대 다른 장소로 가는 통로 혹은 지름길일 수 있다. 가장 기본적인 의미에서 웜홀은 시공 속의 두 점 사이를 연결하는 다리라고 생각할 수 있다. 스티븐 호킹에 따르면 웜홀은 아주 많지만 너무 작아서 우리가 감지할 수는 없다고 한다. 아직까지는 말이다.

웜홀은 공상과학 영화에 자주 등장하는데 인간적인 시간 척도로 행성 간 여행을 가능하게 해줄 수 있는 통로로 나온다. 웜홀 안으로 들어가면 여행 시간을 몇천 년씩 단축시킬 수 있다. 존경받는 천체물리학자이자 천문학자, 작가인 칼 세이건Cark Sagan(1934~1996)이 쓴 소설 《콘택트Contact》에서는 웜홀을 여행 장

치로 이용해 은하수 중심으로 여행한다. 작가 아서 C. 클라크Arthur C. Clarke와 스티븐 백스터Stephen Baxter는 2000년에 공동으로 낸 소설 《다른 시간의 빛The Light of Other Days》에서 빛보다 빠른 의사소통을 위해 웜홀을 이용했다. 물론, 현대판 〈스타 트렉Star Trek〉 시리즈 속의 대원들은 곧잘 웜홀 속으로 뛰어들곤 한다.

워프 드라이브

 〈스타 트렉〉 같은 공상과학 영화에서는 웜홀이 아니더라도 하이퍼드라이브, 워프 드라이브를 비롯해 그밖의 기막힌 발명품들이 빠른 여행을 위한 수단으로 종종 등장한다. 아직까지는 상상력의 산물일 뿐이지만, 우주선이 우주 공간을 직선으로 가는 게 아니라 종이처럼 접어 마치 축지법 같은 방식으로 우주 여행을 한다는 개념의 워프 드라이브는, 이제 현실 속에서도 그리 먼 이야기가 아닐 수도 있다.

1994년, 멕시코의 물리학자 미구엘 알쿠비에레Miguel Alcubierre는 현실의 워프 드라이브가 가능할지도 모른다고 주장했지만, 그 후에 계산해보니 그런 장치는 엄두도 못 낼 만큼 어마어마한 에너지를 필요로 할 거라는 결론이 나왔다. 최근 들어서 물리학자들은 알쿠비에레가 제안한 워프 드라이브가 훨씬 적은 에너지로도 가능할 수 있다고 이야기한다. NASA는 그 아이디어를 진지하게 받아들여 존슨 우주 센터에 있는 실험실에서 미니 워프 드라이브를 실험하고 있다. 존슨 우주 센터에서 연구를 이끌고 있는 해럴드 화이트Harold White에 따르면, 그들은 '1천만 분의 1만큼의 시공을 교란'시키려고 노력하고 있다고 한다.

대규모로 기능하는 워프 드라이브에는 거대한 고리에 감싸인 축구공 모양의 우주선이 필요하다. 이 고리는 우주선 주변의 시공을 휘게 해서 우주선 앞쪽에 수축된 공간 구역을 만들어내면서 뒤쪽 공간을 확장하게 된다. 그러는 사이에 우주선은 휘지 않은 시공의 '거품' 안에 머물게 된다.

인간이 만약 아주 먼 거리를 여행하게 된다면, 빛의 속도보다 빨리 가기 위해서는 그런 기발한 아이디어를 연구해야 할 것이다. 보다 넓은 우주를 탐사하는 데 가장 큰 장애물은 시간이고 우리에게 주어진 것은 짧은 생애뿐이니 말이다.

빛의 속도와 시간

빛은 초속 약 29만 9,338킬로미터로 나아간다. 최초의
전보는 시속 1,770만 킬로미터, 즉 4분의 1초가 걸렸다.
그런데 빛은 그보다 61배 빠르다. 달에서 출발한 빛이 우리에게 오
는 시간은 1.3초이며, 태양에서 출발한 빛은 8분이면 우리에게 도
달한다. 우리 지구와 가장 가까운 별인 켄타우루스자리의 프록시
마에서 빛이 오는 데는 4년이 걸린다. 그러니 우리가 보는 그 별의
빛은 이미 4년 전의 것이다. 우리는 음속보다 빨리 갈 수는 있지
만, 광속보다 빠르게 갈 수는 없다. 광속의 속도로 간다는 것조차
머나먼 꿈일 뿐이다. NASA가 워프 드라이브를 발명하지 않는 한
은 그렇다.

앞에서도 말했듯이 시간은 이동하는 동안 느려진다. 그러므로

215

우리가 만약 광속과 비슷한 속도로 여행할 수 있다면 이동하는 우주선 바깥에서 측정한 시간보다 더디게 나이가 들어갈 것이다. 광속의 99퍼센트 속도로 여행할 수 있다면 70년 걸리는 여행을 하는 동안 나이는 겨우 한 살 더 먹을 것이다.

블랙홀과 화이트홀

 블랙홀은 별이 자체 중력을 견디지 못하고 급격히 수축해서 만들어진 천체로서 중력이 너무나 강력해서 무엇이든 한번 빨려들어가면 빠져나올 수 없다. 심지어 빛조차 빠져나오지 못한다. 블랙홀이라는 이름은 미국의 천체물리학자 존 아치볼드 휠러가 '중력에 의해 완전히 붕괴된 별(gravitationally completely collapsed star)'이라는 복잡한 이름을 대신해 붙였는데, 덕분에 우리의 뇌리에서 잊혀지지 않게 되었다. 블랙홀은 이론적인 실체가 아니며 우리 모두 블랙홀의 존재를 알고 있다.

별 같은 거대한 물체가 자체 중력의 내리누르는 힘을 이기지 못할 때 블랙홀이 생기는데, 물체가 클수록 그 중력도 크다. 우리 지구와 태양은 블랙홀이 되기에는 아주 작다. 그러나 더 넓은 우주에는 수십억 개의 블랙홀들이 흩어져 있다. 그리고 우리 은하의 중심에도 '거대질량'의 블랙홀이 있다.

블랙홀에서는 빛을 감지해낼 수 없지만 천문학자들은 그래도 블랙홀을 찾을 수 있다. 천문학자들은 블랙홀 근처의 물질들이 뿜어내는 가시광선, X선, 전파 등을 측정하는 방법으로 블랙홀을 찾아낸다.

블랙홀의 위치를 알아내는 한 가지 방법은 우주 속의 기체를 관찰하는 것이다. 만약 기체가 블랙홀 주변을 돌고 있다면, 그 기체는 마찰 때문에 매우 뜨거워지는 경향이 있다. 그러다가 X선과 전파를 방출하기 시작하면서 기체가 굉장히 밝아지는데, X선이나 전파 망원경을 사용하면 이것을 볼 수 있다. 천문학자들은 또한

블랙홀 속으로 떨어지는 물질이나 블랙홀에 끌려가고 있는 물질을 감지해내고 있다고 한다.

블랙홀과 반대되는 개념으로 화이트홀도 있다. 화이트홀은 시공 속 가상의 현상으로, 밖에서는 그 안으로 들어갈 수 없으며 물질—물질과 빛—을 빨아들이는 대신 밖으로 밀어낸다.

광년의 거리

 우리는 몇 광년 떨어져 있다는 말을 심심치 않게 들어 왔고 광년이 아주 먼 거리와 관련이 있다는 것도 알고 있다. 하지만 광년이 얼마나 먼 거리일까? 그리고 그 거리를 여행 하려면 얼마나 많은 시간(우리가 흔히 아는 시간)이 걸릴까?

그렇다, '간단하게' 정의하자면 1광년은 빛이 진공 상태에서 율리 우스력으로 1년(그러니까 1일이 86,4000초라고 했을 때 365.25일) 동안 가는 거리이다. 그 거리는 약 10조 킬로미터로 계산된다.

이것이 헤아리기 힘든 큰 숫자라는 건 분명하다. 적도에서 잰 지구의 둘레는 겨우 4만 75킬로미터밖에 안 되므로, 1광년이라는 거리는 1년 동안 적도를 2억 4,950만 번 돈 것과 맞먹는다. 아니면 지구와 화성의 거리를 생각해보자. 지구와 화성이 가장 가까웠을 때가 2003년이었는데, 이때 두 행성의 거리는 5,600만 킬로미터였다(5만 년 만에 가장 가까웠다). 그 거리는 1광년에 비교하면 아주 짧게 느껴진다. 그러나 화성 탐사선 큐리오시티가 발사될 당시 지구와 화성 간의 거리는 약 1억 킬로미터였으며, 그 탐사선이 화성에 도착하기까지 7.5개월이 걸렸다. 반면에 화성에서 출발한 빛이 지구에 오기까지는 단 몇 초면 된다. 이제 어느 정도 감이 잡히는지?

우리가 광년이라는 측정 단위를 사용하는 이유는 방대한 행성 간 거리를 이해하기 위해서는 큰 단위를 사용할 필요가 있기 때

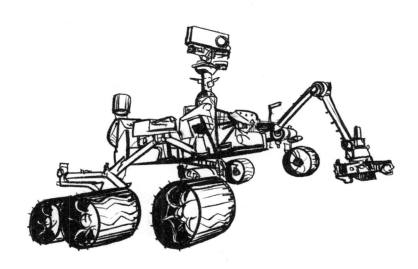

화성 탐사선 큐리오시티

문이다. 우리은하는 직경이 약 10만 광년에서 12만 광년이며 그 안에 약 2,000억 개에서 4,000억 개의 별들이 있다.

우리가 더 넓은 우주에 관해 더 많이 알면 알수록 우리가 측정해야 할 단위는 더 커진다. 1광년의 거리를 여행하는 것에 비하면 화성까지의 여행은 공원에서의 산책에 불과하다. 그밖에 파섹(3.26광년)이나 킬로광년(307파섹), 메가광년(307킬로파섹), 또는 기가광년(약 307메가파섹) 같은 거리 단위도 있지만 일상생활에서는 크게 신경 쓰지 않아도 될 것이다.

빅립-우주의 소멸

 이제 우리는 큰 숫자들 속으로 들어왔으니, 이 책의 맨 첫 부분을 다시 떠올려볼 시간이 되었다. 거기서 우리는 우리 우주의 기원을 잠깐 훑어보았다. 이른바 빅뱅이다. 빅뱅은 우주가 아주 작고 응축되고 뜨거운 상태에서 폭발을 시작했을 때를 말한다. 이 사건은 약 135억만 년 전과 137억 5,000만 년 전 사이에 일어났던 것으로 추정되며 이후 우주는 빠른 속도로 계속 팽창해왔다.

NASA의 스피처 우주망원경에서 나온 최근의 데이터를 연구한 결과 우주는 1메가파세크(약 300만 광년)당 초속 74.3킬로미터의 속도로 확장하고 있으며 그 속도는 점점 빨라지고 있다는 사실이 밝혀졌다.

우주의 팽창 속도가 왜 빨라지고 있는지 이유를 알 수는 없지만, 그것을 일으키는 것이 무엇이건 간에 현재는 '암흑 에너지'로 불리고 있다. 우리는 우리가 이해하지 못하는 것을 '암흑'이나 '어둠'이라고 부르는 경향이 있다. 과학자들은 암흑 물질이 우주의 대부분을 구성하고 있다고 생각한다. 암흑 물질은 보이지도 않으며 현재 우리의 기술로는 직접 감지할 수도 없지만 우리 우주의 80퍼센트 이상이 이 알 수 없는 물질로 이루어져 있다고 한다.

가설에 따르면 우주는 계속 팽창하다가 결국 '빅립big rip'(대파열)에 이를 것이라고 한다. 빅립이 되면 우주의 모든 물질은 파괴될 것이다. 그러나 그때쯤이면 지구의 생명체들은 오래전에 사라지고 없을 것이다. 앞으로 약 50억 년 후면 태양이 지구를 집어삼켜 완전히 태워버릴 것이기 때문이다.

다중우주

'다중우주'라는 말은 미국의 철학자이자 심리학자인 윌리엄 제임스William James가 1895년에 만든 용어로서 있을 수 있는 여러 개의 가상 우주(평행우주/평행차원)를 가리킨다. 다중우주 안에는 존재하는 모든 것과 존재할 수 있는 모든 것이 있다. 이 생각은 매력적으로(또는 오싹하게) 들릴지 모르지만, 다중우주에 대해서는 아무런 증거가 없으며 그것을 시험해볼 방법도 없다.

우주론 학자인 폴 데이비스Paul Davies는 2003년 〈뉴욕 타임스〉에 그 가설을 종교와 비교하면서 심하게 비방하는 글을 썼다. "……모든 우주론자들은 우리의 망원경이 닿을 수 있는 곳 너머에 우주의 어떤 지역이 있다고 인정한다. 그러나 그 지역과 우주의 수가 무한하다는 생각 사이의 미끄러운 비탈의 어디쯤에서 신뢰성은 한계에 이른다. 그 비탈에서 미끄러지는 사람은 그럴수록 더욱 종교를 받아들일 수밖에 없고, 과학적 입증 사실을 덜 받아들이게 된다. 따라서 다중우주라는 극단적인 설명은 신학적 논쟁을 떠올리게 한다. 실제로 우리 눈에 보이는 특이한 특징들을 설명하기 위해 보이지 않는 우주의 무한한 수를 들먹이는 것은 보이지 않는 창조주를 들먹이는 것과 똑같이 불충분한 임시방편에 불과하다. 다중우주 이론은 과학적 언어의 외피를 둘렀을지 몰라도 본질적으로는 신앙적 비약과 다를 바가 없다.”

대 중 문 화 와
평 행 우 주

허구적 글을 쓰는 작가들은 자신이 쓰는 이야기에 평행 차원을 결합하기 위해 매우 기꺼이 신앙적 비약을 감행하곤 한다. 그리고 온갖 근사한 역설을 갖다 붙인다. 실제로 우리가 사는 세계와 나란히 또 다른 세계가 있다는 생각은 고대의 이야기에서도 찾아볼 수 있다. 천국과 지옥, 그리고 그 변형들은 모두 그와 같은 평행 장소들이다. 그리고 신화적인 존재들은 우리의 물질세계를 떠돌아다니기보다는 또 다른 지하세계를 들락거리는 경향이 있다.

문학에서 유명한 예로는 C. S. 루이스Lewis의《나니아 연대기The Chronicles of Narnia》시리즈(1950~1956), 필립 풀먼Philip Pullman의《황금 나침반Jis Dark Materials》등이 있다.《황금 나침반》에서는 두 명의 어린이가 다중 세계 사이에 놓인 창문을 여닫으면서 여러 세계를 탐험한다는 이야기이다.

영화 속에 묘사된 대안 우주 가운데 가장 유명한 것은 1939년에 나온 영화〈오즈의 마법사The Wizard of Oz〉에 등장하는 장소인 오즈일 것이다. 그러나 내가 개인적으로 좋아하는 대안적 현실의 이야기는 공상과학적인 우화가 아니라 약간 편안한 크리스마스 영화인〈멋진 인생It's Wonderful Life〉이다. 이 영화의 주인공 조지 베일리는 자살을 생각하던 중 자신의 고향, 그러나 그가 태어나지 않은 또 다른 고향을 방문하게 된다. 그는 그곳이 쓸쓸하고 위험한 장소이며, 그가 없음으로 인해 삶이 힘들어진 사람들로 가득하다는 것을 알게 된다.

생명 유예

생명 유예는 아직 공상과학의 영역이다. 신체 체계가 완전히 정지해 죽은 것처럼 보일 만큼 신체 과정의 속도를 늦추어, 나중에 시간의 흐름에 전혀 영향 받지 않은 채 다시 깨어날 수 있도록 하는 것이다. 현재 선택할 수 있는 최선의 대안은 냉동 보존이다. 다시 말해 병든 몸을 살리기보다는 과학의 발달을 기대하면서 얼음 속에 보존하는 것이다. 아주 먼 미래에는 여러분이 죽음에서 깨어나는 것이 가능해질 수도 있기 때문이다.

미래에 찾아올 부활의 날에 여러분은 흥미로운 사람들과 함께 깨어날지도 모른다. 아마 그들 중에는 '생명연장협회'에 의해 처음으로 냉동 보존되었던 캘리포니아대학교의 심리학 교수 제임스 베드퍼드James Bedford(1893~1967)가 있을 것이다. 그리고 수학자 토머스 K. 도널드슨Thomas K. Donaldson(1944~2006)과 컴퓨터게임 디자이너인 그레고리 요브Gregory Yob(1945~2005), 그리고 이란의 '트랜스휴머니즘' 철학자이자 작가로, 미래에는 확실히 그 이름이 어울릴 FM 2030도 있을 것이다.

시간에 대한 생각

Thinking Time

우리 삶의 시간

우리 몸은 나름의 내부 시계가 있어서 자기만의 시간 속에서 계속 가고 있다. 그리고 우리 모두는 각각의 경우에 따라 서로 다르게 시간을 경험한다.

주 관 적   시 간

"어떤 남자가 예쁜 여자와 함께 한 시간 정도 앉아 있다면 그 시간이 일 분처럼 느껴질 것이다. 그러나 그를 뜨거운 화덕 위에 몇 분 앉혀놓으면 어떤 시간보다 길게 느낄 것이다. 그것이 상대성이다." 앨버트 아인슈타인(1879~1955)은 그렇게 말했다.

아인슈타인의 말처럼, 시간은 우리가 어떻게 보내느냐에 따라

다르게 느껴진다. 우리 경험으로 알 수 있는 시간의 근본 법칙은 즐거운 시간은 빨리 지나가고 불쾌한 시간은 그보다 느리게 간다는 것이다. 시간에 관한 우리의 경험은 그처럼 주관적이다. 그리고 과거와 현재, 미래의 우리 삶의 경험과 기대에 따라 결정된다(그러나 영성 분야 전문가인 에크하르트 톨레Eckhart Tolle는 과거에 아무 일도 없었으며 미래에도 아무 일이 일어나지 않을 거라고 말한다. 모든 것은 현재라는 얘기다).

어떤 사람들은 낯선 과제에 처음 맞닥뜨리게 되면 처음 며칠 동안 힘들고 길게 느끼다가 그 일에 점점 익숙해지면서는 전보다 시간이 빨리 간다고 느낀다. 그러나 그와 반대로 느끼는 사람들도 있다. 과제를 해내는 속도와 시간에는 차이가 없어도 심리적으로 느끼는 시간은 차이가 있다.

사람은 나이가 들수록 시간이 더 빨리 지나가는 것으로 느낀다. 이것은 우리의 경험 중 많은 부분이 익숙하고 반복되기 때문이다. 그러나 어릴 적 보냈던 기나긴 여름을 생각해보라. 모든 것이 새롭고 신나기 때문에 6주의 시간이 영원처럼 느껴졌을 수도 있다. 극단적이거나 위험한 상황에 처해서도 시간이 느리게 가는 것처럼 느껴질 수 있으며, 실제로 슬로 모션처럼 지나가는 것처럼 여겨지기도 한다. 그리고 감옥에 갇힌 사람들에게 하루는 무척

길며, 매일매일이 거의 차이가 없기 때문에 다른 날들과 서로 뭉개져 구분이 안 되는 것처럼 느껴진다.

우리가 삶을 살아가는 속도는 우리가 사는 곳—즉 도시인가 시골인가—이나 우리가 하는 일, 우리의 취미, 우리의 친구들 등 수많은 요소에 따라 달라진다. 뉴욕 증권거래소에서 주식중개인이 살아가는 속도와 시골의 작은 농장에서 농부가 살아가는 속도는, 비록 그들이 비슷한 시간에 따라 하루를 보낸다고 해도 조금 다르다(6장에서 보았듯이, 요즘 돈은 매우 빠르게 움직인다).

북반구에서 삶의 속도는 대체로 남반구에서 삶의 속도보다 훨씬 빠르게 돌아간다. 그리고 스위스와 독일은 삶의 속도가 가장 빠른 나라로 꼽힌다.

생 체   시 계

건강한 성인 남성의 심장은 어른이 되면 1분에 약 60번 고동친다. 여성의 심장박동은 그보다 약간 더 빠르다. 또한 우리는 꽤 일정한 속도로 숨을 쉬는데, 나이가 들수록 호흡은 느려진다. 갓 태어난 아기는 1분에 60번 호흡하지만, 휴식을 취할 때 어른의 호흡은 14회에서 18회를 넘지 않는 경우가 많다.

우리의 소화 과정과 에너지 요구량은 우리에게 배고픔을 느끼게 하고 규칙적인 간격을 두고 음식을 먹게 만든다. 이런 것이 우리의 일상적인 하루에서 가장 눈에 띄는 규칙적인 과정들—그러나 다른 과정들도 많다—이다. 복잡하고 시간 의존적으로 계속 진행되는 이런 과정을 통틀어 '24시간주기 리듬' 또는 '활동일주기'라고 한다.

지구상의 동식물 대부분은 자기만의 활동일주기에 따라 살아가는데, 그 주기는 대체로 빛이 있는 시간과 빛이 없는 어두운 시간에 의해 정해지는 패턴—우리를 태양과 연결시켜주는—을 따른다. 사람의 24시간주기 리듬을 통제하는 것은 우리 두뇌 속의 작은 '시교차 상핵'이라는 부위이다. 두뇌의 중심선상에, 콧날 뒤쪽에 있는 이 작은 핵은 우리 몸의 어미 시계이다. 우리 몸에는 또 다른 '말초 시계'들이 있는데, 어미 시계와 독립적으로 작동하는 이것들은 우리의 폐, 간, 이자(췌장), 피부, 그밖의 다른 부위에서 발견된다.

사람은 단상성 수면을 한다. 다시 말해 밤에 한번에 길게 자고 낮에는 거의 깨어 있다는 뜻이다. 다상성 수면을 하는 동물은 24시간 동안 여러 번에 걸쳐 휴식과 활동을 번갈아 한다. 인류의 옛 조상은 다상성 수면을 했지만, 기원전 7만 년에서 4만 년 무렵에 단상성 수면을 하게 되었다고 여겨진다. 우리의 24시간주기 시계는 이 단상성 패턴을 따른다.

규칙적으로 생활하는 사람은 오전 10시쯤에 가장 맑게 깨어 있다. 오후 2시 30분쯤이 되면 우리 몸의 협응력은 가장 적절한 수준에 오르고, 오후 3시에는 반응 시간이 가장 빨라지고 오후 5시

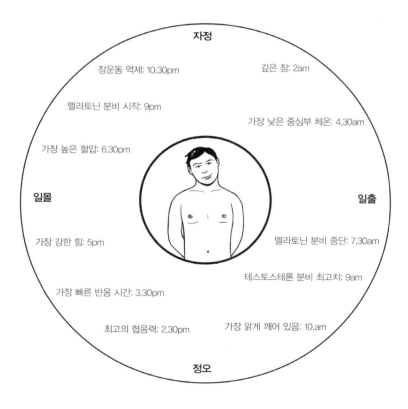

에는 우리의 심혈관 효율과 근육의 힘이 가장 좋아진다. 그리고 오후 6시 30분에는 혈압이 최고조에 이르고 오후 7시에는 체온이 가장 높아진다. 밤 9시가 되면 우리 몸은 멜라토닌(졸음을 일으키고 체온을 낮추는)을 분비하기 시작한다. 멜라토닌 분비량은 나이가 들수록 줄어드는데, 어른이 아이보다 잠이 적은 것도 그 때문이다. 밤 10시 30분이 되면 장 운동이 억제된다. 우리는 새벽 2시에 가장 깊은 잠을 자고 새벽 4시 30분에 체온이 가장 낮게 떨어지며, 깨어날 시간이 다가오는 7시 30분쯤에 멜라토닌 분비가 멈춘다. 장은 오전 8시 30분에 운동을 다시 시작하고, 테스토스테론 분비는 오전 9시에 최고 수준에 오르며, 오전 10시쯤이 되면 다시 가장 맑게 깨어 있는 시간이 돌아온다.

이런 리듬들은 우리가 생활하는 시간과 햇빛을 받는 정도에 따라, 또는 우리가 사는 장소나 연중 계절에 따라 크게 달라질 수 있다. 만약 우리가 다른 시간대의 지역으로 여행해서 우리 내부의 생체 시계가 틀어져버린다면, 시차를 경험하게 된다. 이때 우리 몸이 느끼는 시간차를 보정하기 위해서는 잠을 자야 한다. 긴 여행 동안 잠을 자는 것은 우리 몸을 속이는 한 가지 방법이다. 그래서 우리가 새로운 시간대에 도착했을 때에는 우리 몸은 자야 할 밤잠을 잤다고 느끼게 된다. 밤에 일하고 낮에 자는 사람들은 이 패턴에 완전히 적응하지 못할 수도 있다. 무엇보다 멜라토닌은 우리가 자고 깨는 시간에 상관없이 밤에 분비되기 때문이다.

여자들은 생리 주기—여성의 사춘기부터 중년의 폐경기 사이에 28일마다 한 번 찾아오는—내에 또 다른 '시계'를 가지고 있다.

2 8 시 간   하 루   실 험

1930년대에 수면학자인 너새니얼 클라이트먼Nathaniel Kleitman과 그의 동료인 브루스 리처드슨Bruce Richardson은 함께 고생스러운 실험을 했다. 32일 동안 켄터키 주 매머스 동굴 속에서 햇빛을 전혀 쐬지 않고 생활함으로써 24시간 주기 생체 시계를 깨뜨리면 어떻게 되는지 알아본 것이다. 그뿐만 아니라, 하루의 길이를 조정해—마치 하루가 24시간이 아닌 28시간인 것처럼 생활하면서—7일이 아닌 6일짜리의 새로운 일주일을 설정해 규칙적인 시간에 먹고 운동하고 자면서 엄격한 방식으로 생활했다. 잠은 9시간 잤고 19시간을 깨어 있었다. 43살의 클라이트먼은 새로운 28시간짜리 하루와 6일짜리 일주일에 적용하는 데 애를 먹었지만, 그보다 젊은 리처드슨은 훨씬 쉽게 적용했다. 그러나 궁극적으로 이들의 실험 결과로 어떤 결론을 내릴 수는 없었다. 클라이트먼은 꿈과 두뇌

베르너 증후군

조로증progeroid syndrome(PS)은 유사 노화 증상을 일으키는 희귀한 유전적 질환이다. 조로증으로 고통받는 사람들은 실제 나이보다 늙어 보일 수 있으며, 수명이 단축될 가능성이 높다. 베르너 증후군Werner syndrome과 허친슨-길퍼드 조로증Hutchinson-Gilford progeria syndrome은 자연적인 노화와 가장 비슷한 효과를 내는 조로증 가운데 가장 널리 연구된 두 가지 증후군이다. 세계적으로 베르너 증후군은 10만 명 당 한 명 꼴로 나타난다.

이런 질환을 가진 사람들은 사춘기 때까지는 정상적으로 자라지만 보통 보게 되는 청소년기의 급속한 성장을 경험하지는 않는다. 대신에 성장이 지체되면서 동시에 때 이른 노화를 보인다. 키는 더 자라지 않고 머리카락이 허옇게 세거나 빠지고, 피부에 주름이 생긴다. 이들은 극단적이고 괴로운 다른 증후군들도 함께 겪곤 하는데, 그중에서도 아토피, 피부 손상, 백내장, 심한 궤양 등이 흔히 따라온다. 조로증에 걸린 사람은 50살 넘게 사는 경우가 드물며 주로 심혈관계 질환이나 암으로 많이 죽는다.

활동과 연관된 급속 안구 운동(REM)을 '발견'한 사람으로도 알려져 있다.

계절 주기를 따르는 삶

 많은 포유동물과 물고기, 새들의 행동은 계절과 밀접한 관련이 있다. 동물의 짝짓기와 이주, 겨울잠의 패턴은 모두 한 해의 계절과 기후 변화에 의해 지배된다. 새들 가운데 많은 종이 겨울 동안 남쪽으로 날아가고, 대서양 연어 같은 물고기는 강에서 바다로 엄청난 거리를 헤엄쳐 갔다가 자신들이 태어난 개천에서 알을 낳기 위해 겨울이면 다시 돌아온다.

동물은 겨울잠에 들어가면서 몸의 활동이 곧바로 느려진다. 체온은 뚝 떨어지고, 숨은 필요한 만큼만 쉬며, 심장박동과 신진대사 속도는 최소한의 필요한 기능만 하게 되는 정도로 저하된다. 추운 기온 속에서 먹이를 구하기 힘들 때, 겨울잠을 자는 동물은 다시 먹이를 찾을 수 있을 때까지 에너지를 보존한다. 겨울잠을

자는 기간은 종에 따라서 며칠, 몇 주, 또는 몇 달 동안 이어지기도 한다. 땅다람쥐, 마멋, 생쥐, 유럽고슴도치 같은 설치류와 몇몇 유대류, 영장류는 '무조건적' 겨울잠 동물이다. 다시 말해 기온이나 먹이 접근성과는 상관없이 해마다 겨울잠을 잔다.

곰은 가장 효율적인 겨울잠 동물에 속한다. 곰은 추운 겨울 몇 달 동안 에너지를 비축하기 위해 신진대사를 억제한다. 자기 몸의 단백질과 소변을 재활용할 수 있는 곰은 몇 달 동안 '볼 일'을 보지 않고 지낼 수 있다.

사람은 지구상에서 계절의 지배를 받지 않는 짝짓기 패턴을 가진 몇 안 되는 동물이다. 사람은 겨울잠을 자지는 않지만, 아득한 옛날 수렵채집 시절에는 계절에 따른 먹잇감의 패턴을 따라 이주하며 살았던 것이 분명하다. 그리고 지금도 지구상의 일부 유목민들은 여전히 한 해의 주기를 따라 예부터 내려온 경로를 옮겨 다니며 살고 있다.

문학 속의 시계들

고전적인 이야기에서 흔히 시계는 불길한 플롯 장치와 은유로 사용되곤 했다. "그녀 앞에 섰을 때였다……. 나는 주변의 사물들을 자세히 살펴보다가 그녀의 손목시계가 9시 20분 전을 가리키며 멈춰 있는 걸 알아차렸다. 방 안의 시계도 9시 20분 전에 멈춰 있었다." 찰스 디킨스의 《위대한 유산Great Expectations》에서 멈춰버린 시계가 나타내는 것은 오싹한 미스 하비섬의 삶이다. 그녀의 삶은 약혼자가 결혼식 날 아침에 자신을 배신했다는 사실을 알아버린 그 시점에 영원히 멈춰버렸다. 그 집 밖에 있는 커다란 시계도 똑같은 시간에 멈춰 있었다. 마치 어둠 속에, 여전히 웨딩드레스를 입고 앉아서, 몹쓸 부당한 짓을 한 그 남자를 벌하겠다고 결심한 그녀 자신처럼 말이다.

작가 애거사 크리스티Agatha Christie는 미스터리 소설 《4개의 시계The Clocks》에서 시계를 정교한 플롯 장치로 사용한다. 타이피스트 실라 웹은 약속이 있어 한 눈먼 숙녀의 집에 도착했다가, 6개의 시계가 있는 어느 방에서 죽은 채 누워 있는 한 남자를 발견한다. 그중 네 개의 시계는 4:13에 멈춘 채 죽어 있었다. 비범한 능력의 수사관인 에르퀼 푸아로는 그 남자를 죽인 살인범을 찾아내기 위해 시계의 수수께끼를 풀어야 한다. 제임스 터버James Thurber의 판타지 소설 《13개의 시계(The Thirteen Clocks)》에는 커핀 캐슬('관의 성')이라는 으스스한 이름의 성에 있는 13개의 시계가 나오는데, 모두 10시 5분 전에 멈춰 있다. 과대망상이 있는 그 성의 공작이 자기가 시간을 정복했다고 믿었기 때문이다. 그러나 공작의 조카인 새럴린다에게 청혼하기 위해 존 공이 커핀 성을 찾아온다. 이 두 사람의 사랑과 그녀의 눈부신 아름다움에 시계들은 다시 살아나고 두 사람은 탈출한다. 그리고 사악한 공작은 마땅히 받아야 할 벌을 받는다. 시간의 흐름을 이길 수 있다고 믿는 사람들에게 경고하는 교훈적인 이야기이다.

사람의 수명

 사람이 얼마나 오래 사느냐 하는 것은 그 사람이 태어
난 장소와 사회경제적 조건에 따라 크게 달라진다. 일
반적으로 '선진국'으로 규정되는 나라들 가운데에는 일본인들의
기대수명이 가장 길고(약 82세에서 83세), 그 다음 장수 기록은 스
위스와 홍콩이 바짝 뒤쫓고 있다(약 81세에서 82세). 캐나다, 오스
트레일리아, 이스라엘, 그리고 영국을 비롯해 풍족한 여러 유럽 국
가들이 약 80세 부근에 빽빽이 모여 있는 반면, 개인의 건강관리
에 가장 많은 돈을 쓰는 미국인들의 기대수명은 상대적으로 낮은
77.97세이다. 이런 수치들은 UN에서 나온 것인데 세계보건기구의
수치보다 훨씬 후하다는 점은 주목할 가치가 있다. 세계보건기구
가 발표한 미국인들의 기대수명은 75.9세이며, CIA 월드 팩트북은

넉넉하게 78.37세를 제시하고 있다.

UN에 따르면, 세계인의 평균 기대수명은 67.2세(남성은 65.71세, 여성은 70.14세)이지만, 청동기시대부터 20세기 초까지 평균적인 기대수명이 30세 근처에서 맴돌았다는 것—그리고 유아기를 넘기지 못한 어린이들이 수없이 많았다는 것—을 생각하면 상당히 괜찮은 편이다.

67.2세라는 세계 평균 기대수명을 서구에서 가장 기대수명이 낮은 나라들의 수치인 76세에서 78세까지와 비교해보자. 10년 정도 차이가 나는 데에는 상당히 우울한 이유가 있다. 그리고 기대수명이 가장 낮은 나라들 대부분이 아프리카 대륙에 있으며(40세 초반부터 50대 후반까지), 나머지 대륙에서 주목할 만한 예외가 아프가니스탄으로 현재 평균 기대수명은 40대 중반이다

서구에 사는 사람들은 그들보다 훨씬 더 많은 시간을 누린다. 그러니 스트레스를 받을 때나, 원하는 일을 다 끝내고 싶은데 시간이 너무 없어서 불만스러울 때에는 이걸 떠올려보자. CIA 월드 팩트북에서 32년밖에 못 살 거라고 예측한 어느 불행한 스와질랜드 남자에 비하면 우리에게는 50년이라는 시간이 더 주어졌다는 사실을.

시간의 철학

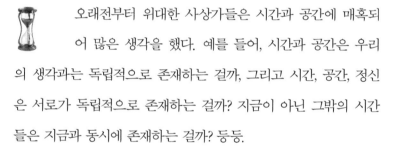오래전부터 위대한 사상가들은 시간과 공간에 매혹되어 많은 생각을 했다. 예를 들어, 시간과 공간은 우리의 생각과는 독립적으로 존재하는 걸까, 그리고 시간, 공간, 정신은 서로가 독립적으로 존재하는 걸까? 지금이 아닌 그밖의 시간들은 지금과 동시에 존재하는 걸까? 등등.

히포의 성 아우구스티누스(354~430)는 《고백록》에서 시간을 규정하고 표현하는 것이 쉽지 않음을 이렇게 표현했다. "아무도 나에게 묻지 않으면, 나는 안다. 그러나 내가 설명하려고 하면 나는 모른다." 그에게 시간이란 시간이 아닌 것으로만 설명할 수 있는 것이었다. 시간이 무엇인지 말하는 것은 완전히 다른 문제였다.

우리와 우리 지구가 얼마나 오래 존재해왔는가 하는 것은 시간에 대한 우리의 이해에 영향을 끼친다. 예를 들어 이 책의 존재는 정해진 출발점이 있다. 그것은 우리 우주의 탄생으로부터 135억 년에서 137억 5,000만 년 사이의 어디쯤이며, 우리 지구의 탄생 이후 45억 4,000만 년 즈음이다. 그러나 고대 그리스 철학자들에게는 생각할 출발점이 없었고, 그저 무한하고 헤아릴 수 없는 과거밖에 없었다. 그리고 우리는 나중에 생긴 창조론이 지구의 나이에 대한 우리의 생각에 영향을 주었다는 걸 보았다—아브라함 종교들은 우리의 시작을 약 6,000년 전으로 본다. 그런 종교를 믿는 신자들에게는 이것이 매우 반가운 일이었는데, 무한이란 곧 무(無)이자 시간의 부재이기 때문에 이해하기가 힘들었기 때문이다.

연대학과 역사는 우리의 정체성을 이해하는 데에도 매우 중요하다. 그러나 우리가 시간과 공간을 경험하는 방식의 성격은 얼마나 중요할까?

시간과 철학자들

 옛날 실재론 철학자들은 시간과 공간이 인간 정신과는 별개로 존재한다고 믿었다. 우리의 정신은 단지 이런 외부의 힘과 상호작용하고 그것을 이해하는 처리자에 불과하다. 아이작 뉴턴(1642~1727)은 시간은 절대적이라고 믿었다. 우주 바깥에 있는 신이 창조한 우주 시계가 있으며 공간은 모든 것이 일어나는 무대라고 생각했다. 그의 생각에 따르면, 우리는 결코 시간을 통제할 수 없으며 다만 시간의 흐름을 주관적으로 해석할 뿐이다. 그런 뉴턴을 비판했던 대표적인 사람이 고트프리트 라이프니츠Gottfried Leibniz(1646~1716)였다. 그는 18세기 초에 뉴턴에게 도전장을 던지면서, 뉴턴의 '절대주의적' 입장은 신의 계획을 고려하지 않았다고 주장했다—신이 시간과 공간을 만든 데는 특정한 이유가 있을 것이라는 뜻이다.

대단한 영향력을 가진 철학자 임마누엘 칸트Immanuel Kant(1724~1804)는 시간과 공간에 대한 인식은 우리가 우리의 감각을 이해하고 조화롭게 사용하게 해준다고 말했다—그러나 시간과 공간 중 어느 것도 그 자체로 물질은 아니다. 칸트에게 시간과 공간에 대한 인식은 우리가 우리 경험을 구성하기 위해 사용하는 틀이다. 우리의 목적에는 시간과 공간은 '경험적으로 실재'하고(즉 관찰 가능하고), 우리는 시간과 공간을 사용해 사물과 경험을 측정한다.

앨버트 아인슈타인(1879~1955)에게 시간은 절대적인 것이 아니었다. 그는 시간이 우주라는 섬유 속에 짜여진 것이며 우주 안에서 시간이 탄생했다고 생각했다. 그는 또한 시간은 우리가 영향을 주고 통제할 수 있는 어떤 것이라고 생각했는데, 이 생각은 오늘날 물리학에서 이루어진 많은 발견으로 뒷받침되고 있다.

지금이라는 시간

 앞에서 우리는 사람마다 주로 생활 속도와 관련해 시 간을 주관적으로 경험한다는 사실을 보았다. 이번에는 우리가 어떻게 시간을 인지하고 가공하는지 생각해보자. 미국의 철학자이자 심리학자인 윌리엄 제임스William James(1842~1910)는 우 리가 정상적인 삶을 살기 위해서는 '과거성'이라는 감각이 필요하 며 우리의 정체성은 대체로 과거의 기억과 감각으로 구성된다고 말했다. 그러나 이것은 아주 짧은 시간틀에 적용된다—우리의 현 재는 바로 전의 과거에, 그리고 종종 미래에 끊임없이 영향을 받 는다. 제임스에 따르면, 우리는 '허울뿐인 현재' 즉 각각 12초 정도 지속되며 굴러가는 시간의 틀 속에 사는데, 그것을 시간이 흐른다 고 경험한다.

프랑스의 철학자 르네 데카르트René Descartes(1596~1650)는 순간적인 '지금들'의 연속으로 인식되는 시간에 관해 이야기했다. 이와 비슷하게 현대의 영적 지도자인 에크하르트 톨레(1948~)는 "삶에서

시간 미신

시간을 둘러싼 미신은 시계와 종종 관련이 있으며, 시간 관련 테크놀로지가 지난 몇백 년 동안 우리의 삶을 침해하고 궁극적으로 통제하게 된 방식에서 비롯된 것이 많다.

멈춘 시계는 아마도 가장 보편적으로 알려진 예일 것이다. 만약 멈춰 있던 시계가 갑자기 다시 돌아가기 시작하거나 벨을 울린다면 가족 중에 죽는 사람이 있음을 예고한다. 또한 방금 세상을 뜬 사람의 방에 있는 시계가 멈춘다면 불길하다고 여겨진다. 요즘에는 너무나 많은 장치들 속에 시계가 들어 있기 때문에, 그런 미신이 맞는다고 보기는 힘들다.

시계가 나오는 꿈은 조만간 여행을 떠날 일이 있음을 알려주고, 시곗바늘이 거꾸로 돌아가는 꿈은 불길한 꿈이다. 이것은 벨이 울리는 장치가 있던 옛날 시계에서 바늘을 억지로 거꾸로 돌리면 장치가 손상될 수 있었기 때문에 나온 말이다.

현대를 사는 우리는 인터넷에서 우리가 죽을 날짜를 예측할 수도 있다. 이는 멈춘 시계 때문에 가슴 졸이는 것보다 어느 정도는 더 '과학적'인데, 태어난 날짜와 몸무게, 체질량지수 등을 고려한 것이다. 여러분이 죽을 날짜를 www.deathclock.com에서 알아보자. 조만간 담배를 끊지 않는다면 나는 2050년 10월까지 살고 담배를 끊으면 2057년 7월까지 산다. 이 차이를 주목하시라.

존재하는 것은 언제나 지금뿐이다"고 말한다. 매우 타당한 소리 같지만, 그 말을 가만히 생각해보면 '지금'의 본질을 붙잡는 것은 거의 불가능하다. 지금이 지금일까? 아니면 방금 지나간 것일까? 그리고 우리는 신경과학의 발전을 통해 우리가 사물을 직접 경험하거나 인지하는 게 아니라, 그것이 일어난 직후에 경험한다는 사실을 알고 있다. 말하자면 우리의 두뇌가 신체의 각 부분에 정보를 보내 소통하는 데에는 시간이 걸린다. 물론 그것이 0.5초밖에 안 되는 짧은 시간일 수 있지만 우리가 '지금'을 이야기할 때는 그 시간이 매우 중요하다.

시간 여행을 위한 귀띔

아마존 부족과 시간 보내기

지금 나는 여러분에게 '미접촉' 부족을 접촉하라고 말하는 게 아니다. 그 사람들 입장에서는 우리가 건드리지 않는 게 최선이다. 그러나 굳이 아마존이나 세계의 나머지 지역에서 수천 년 동안 옛 방식 그대로 살아가는 토착 부족이 있는 곳으로 여행하는 식의 시간 여행을 하지 않더라도 시간을 벗어나는 것은 가능하다. 아니 적어도 우리가 얽매인 시간을 벗어날 수는 있다.

중동 사막을 떠돌아다니는 베두인족과 함께 천막 생활을 해보고, 동아프리카의 마사이족을 만나거나 브라질의 아몬다와족을 방문해보라. 그들은 과거와 미래에 대한 전혀 다른 인식으로 전혀 다른 규칙 속에서, 여러분의 시간과는 다른 시간을 산다는 걸 알게 될 것이다.

찾아보기

252